Julia
による
数値計算と
シミュレーション

小高 知宏 [著]

Ohmsha

まえがき

　コンピュータの性能が飛躍的に向上するにつれ、コンピュータシミュレーションの応用分野が拡大しつつあります。本書では、シミュレーションプログラミングの基礎とそれを支える数値計算の技術について、新しいプログラミング言語である Julia を通して解説します。

　第 1 章では、Julia で数値計算を行う際の全般的な留意点を示します。とくに、Julia による数値計算プログラムの記述方法や誤差の問題を扱います。

　続く第 2 章と第 3 章では、伝統的なシミュレーション技術として微分方程式で記述された物理現象のシミュレーションを扱います。第 2 章では常微分方程式で記述された運動のシミュレーションを行い、第 3 章では偏微分方程式による場のシミュレーションを行います。ここでは、宇宙船の運動や電界のシミュレーションなどを題材とします。

　第 4 章では、セルオートマトンを利用したシミュレーションを扱います。この章では、生物コロニーの挙動や交通渋滞の様相などを、セルオートマトンによってシミュレートします。

　第 5 章の主題は、乱数を使ったシミュレーションです。ここでは乱数による数値計算の基礎を説明したのち、微分方程式だけでは説明しきれないような運動を乱数によってシミュレートします。

　終章にあたる第 6 章では、マルチエージェントシミュレーションの枠組みを示します。また、マルチエージェントシミュレーションの枠組みを用いて、感染症の伝播を模擬するシミュレーションを行います。

　以上のように、本書では、伝統的な数値計算の技術から先端的なマルチエージェントシミュレーションの基礎までを、Julia のプログラムを示しながら具体的に解説します。

本書は、先に刊行された書籍『C による数値計算とシミュレーション』および『Python による数値計算とシミュレーション』の Julia 版です。数値計算やシミュレーションのアルゴリズム自体は、どのプログラミング言語を用いても共通です。しかし、Julia は C 言語の高速性と Python の記述力を同時に兼ね備えた新しい言語であり、まさに数値計算向けのプログラミング言語であるといわれています。本書はそうした Julia の特徴を活かして、数値計算とシミュレーションの実際を示します。また、Julia が新しい言語である点に留意して、Julia によるプログラミングの特徴や、追加機能を利用するためのパッケージのインストール方法などについても解説します。

　本書の実現にあたっては、福井大学での教育研究活動を通じて得た経験が極めて重要でした。この機会を与えてくださった福井大学の教職員諸氏に感謝するとともに、研究グループに所属する学生の皆さんや、多くの卒業生諸氏に感謝いたします。さらに、本書実現の機会を与えてくださったオーム社の皆様にも改めて感謝いたします。最後に、執筆を支えてくれた家族（洋子、研太郎、桃子、優）にも感謝したいと思います。

2023 年 5 月　著者記す

目次

本書で使用するパッケージ・モジュール

名称	機能	ページ
Plots	描画	27
DifferentialEquations	微分方程式数値計算	51
Images	画像処理	99
ImageView	画像表示	99
Random	乱数生成	134
QuadGK	数値積分	158

Julia 固有の型

名称	機能	ページ
BigInt	整数型	17
BigFloat	浮動小数点型	18

Julia において注意が必要な演算子

名称	機能	ページ
%	剰余演算子	98
÷	整数除算演算子	98
/	除算演算子	98
%	モジュロ演算子	134

第1章　Julia における数値計算

　本章では、Julia で数値計算を行う際の全般的な留意点を示します。はじめに Julia による数値計算プログラムの構成方法について簡単な例を挙げて検討し、次に、数値計算における誤差の問題を取り上げます。

1.1　Julia による数値計算プログラムの構成

　Julia は、プログラミング言語として簡潔で強力な記述能力を有しています。また、数値計算向けの機能が豊富です。それに加えて、Julia 言語環境にはさまざまなソフトウェアライブラリが用意されています。問題に合わせて適切なライブラリを選択することで、簡単かつ素早く、正確なプログラムを作成することが可能です。

　ここでは、数値計算の簡単な例題を取り上げ、Julia による数値計算プログラムの基本的構成方法を示します。また、そのうえで、Julia の機能を活用して数値計算プログラムを構成する方法の基礎を示します。

① Julia による数値計算プログラム

　はじめに、数値計算アルゴリズムをそのまま Julia のプログラムとして表現する方法で、数値計算プログラムを作成してみましょう。Julia には数値計算向けの便利な機能が用意されていますが、練習のため、まずは Julia の基本的な言語機能のみでプログラムを記述してみます。

　簡単な数値計算の例題として、ある数の平方根を求めるプログラムを作成します。多くのプログラミング言語同様、Julia にも平方根を求める機能は用意されていますが、ここではあえてそれを用いずに、数値計算のアルゴリズムを適用することで求めてみましょう。

　ある数 a の平方根を求めることは、次の 2 次方程式を x について解くことに相当します。

1

$$x^2 - a = 0$$

この方程式を解く方法はいろいろ考えられますが、ここでは **2 分法**（**bisection method**）によって解くことを考えます。以下では、2 分法の考え方を示します。

いま、方程式の解の 1 つを x_1 とし、x_1 の周辺で関数 $f(x) = x^2 - a$ がどのような値を取るかを考えます。たとえば $a = 2$ とすると、$x_1 > 0$ の周辺で関数 $f(x)$ は図 1.1 のようになります。

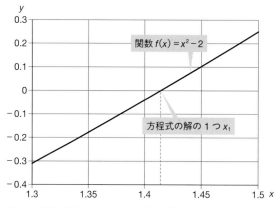

図 1.1　関数 $f(x) = x^2 - 2$ の $x_1 (>0)$ の周辺での変化

図 1.1 で、関数 $f(x)$ と x 軸の交点を求めれば、$f(x) = 0$ となる解 x_1 が求まります。2 分法では、この交点を求めるために、まず解の存在範囲の上限と下限を調べます。

図 1.1 の例であれば、$f(x_p) > 0$ となる解の上限値 x_p と、$f(x_n) < 0$ となる解の下限値 x_n を適当に設定します。この場合、解 x_1 は x_n と x_p のあいだに存在するはずです。これを初期値として、だんだんと範囲を狭めていくことで、解 x_1 を求めます。

たとえば、図 1.1 から、$x_p = 1.5$、$x_n = 1.3$ と設定します。つまり解 x_1 が、1.3 以上 1.5 以下の範囲に存在する、とあたりをつけるのです（図 1.2）。

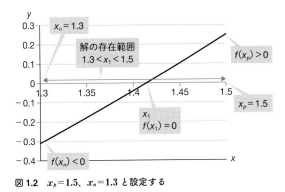

図 1.2　$x_p = 1.5$、$x_n = 1.3$ と設定する

　2 分法では、次に上限 x_p と下限 x_n の中間点を求めます。この計算は次のように簡単に求まります。

$$\frac{x_p + x_n}{2}$$

　こうして求めた中間点に対応する、関数 $f(x)$ の値を求めます。すると、その値が正か負かが、計算により求まります。

$$f\left(\frac{x_p + x_n}{2}\right)$$

　ここで、中間点に対応する関数値 $f\left(\dfrac{x_p + x_n}{2}\right)$ が正だったら、求めた中間点の値を新たに上限 x_p の値とします。逆に負であれば、求めた中間点の値を新たな下限 x_n の値とします。いまの例では、

$$f\left(\frac{1.5 + 1.3}{2}\right) = f(1.4) = -0.04 < 0$$

となりますから、下限 x_n の値が中間点の値 1.4 に更新されます。これで解の範囲が初期状態よりも狭まって、1.4 以上 1.5 以下であることがわかりました（図 1.3）。

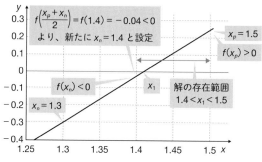

図 1.3　中間値によって解の存在範囲を狭める

　この操作を繰り返すと、表 1.1 に示すように、だんだんと解の存在範囲が狭まっていきます。

表 1.1　2 分法による解の計算過程

下限 x_n	上限 x_p
1.300000000000000	1.500000000000000
1.400000000000000	1.500000000000000
1.400000000000000	1.450000000000000
1.400000000000000	1.425000000000000
1.412500000000000	1.425000000000000
1.412500000000000	1.418750000000000
1.412500000000000	1.415625000000000
1.414062500000000	1.415625000000000
1.414062500000000	1.414843750000000
1.414062500000000	1.414453125000000
1.414062500000000	1.414257812500000
1.414160156250000	1.414257812500000

…

　実際の計算においては、適当な条件で繰り返しを打ち切ることで、解の値が求まったものとします。

　それでは、2 分法の手続きを Julia のプログラムとして表現してみましょう。2 分法のアルゴリズムを Julia のコードに翻訳すると、処理の中心部分は以下のように表せます。

```
# 繰り返し処理

while (xp-xn)*(xp-xn)>LIMIT  # 終了条件を満たすまで繰り返す
    xmid=(xp+xn)/2           # 新たな中間値の計算
    if f(xmid)>0             # 中間値が正なら
        xp=xmid             # xp を更新
    else                    # 中間値が正でなければ
        xn=xmid             # xn を更新
    end
end
```

　ここで、変数 xp は x_p に対応し、変数 xn は x_n に対応します。また xmid は新たな中間値であり、関数 f() は $f(x)=x^2-2$ の値を返すものとします。変数 LIMIT は繰り返し終了を判断するための値を与えます。

　この Julia コードを中心に、関数 f() の定義や変数の初期設定などを加えると、リスト 1.1 に示す 2 分法のプログラム bisec.jl ができあがります。

リスト 1.1　bisec.jl プログラム（平方根を 2 分法で求める）

```
001  # bisec.jl プログラム
002  # 2 分法による方程式の解法プログラム
003  # @printf()を使用
004  # 使い方 c:\>julia bisec.jl
005
006  using Printf # @printf()を使用
007
008  # グローバル変数
009  a=2 # f(x)=x*x-a
010  LIMIT=1e-20 # 終了条件
011
012  # 下請け関数の定義
013  # f()関数
```

```
014    """関数値の計算"""
015    function f(x)
016        x*x-a
017    end
018    # f()関数の終わり
019
020    # main()関数
021    function main()
022        # 初期設定
023        print("xpを入力してください:")
024        xp=parse(Float64, readline())
025        print("xnを入力してください:")
026        xn=parse(Float64, readline())
027
028        # 繰り返し処理
029        while (xp-xn)*(xp-xn)>LIMIT  # 終了条件を満たすまで繰り
       返す
030            xmid=(xp+xn)/2            # 新たな中間値の計算
031            if f(xmid)>0              # 中間値が正なら
032                xp=xmid              # xpを更新
033            else                     # 中間値が正でなければ
034                xn=xmid              # xnを更新
035            end
036            @printf("%-15.15g \t %-15.15g\n", xn, xp)
037        end
038    end
039
040    # main()関数の実行
041    main()
042
043    # bisec.jlの終わり
```

bisec.jl の実行結果を、出力 1.1 に示します。

出力 1.1　`bisec.jl` の実行結果

```
C:\ >julia bisec.jl
xp を入力してください:1.5
 xn を入力してください:1.3
1.4                         1.5
1.4                         1.45
1.4                         1.425
1.4125                      1.425
1.4125                      1.41875
1.4125                      1.415625
1.4140625                   1.415625
1.4140625                   1.41484375
1.4140625                   1.414453125
1.4140625                   1.4142578125
1.41416015625               1.4142578125
1.414208984375              1.4142578125
1.414208984375              1.4142333984375
1.414208984375              1.41422119140625
(以下、出力が続く)


1.41421356219798            1.41421356238425
1.41421356229112            1.41421356238425


C:\ >
```

　`bisec.jl` プログラムの内容を説明します。まず、全体的な構成です。`bisec.jl` プログラムは、`f()` 関数と `main()` 関数の 2 つの関数から構成されています。これらの関数の定義に先立って、プログラム冒頭の 6 行目から 10 行目では、using 文を使って標準ライブラリに含まれる Printf を取り込んだり、プログラム全体で利用するグローバル変数である a や LIMIT を定義したりしています。

```
006   using Printf # @printf()を使用
007
008   # グローバル変数
009   a=2 # f(x)=x*x-a
010   LIMIT=1e-20 # 終了条件
```

プログラムの実行は、41行目のmain()関数の呼び出しから開始します。

```
040   # main()関数の実行
041   main()
```

main()関数では、はじめにxpとxnを読み込んで初期設定を行います。読み込みでは、readline()関数を使って文字列として読み込んだ数値を、parse()関数を使って浮動小数点数であるFloat64型の数値に変換します。

```
023       print("xpを入力してください:")
024       xp=parse(Float64, readline())
```

その後、29行目からのwhile文により、2分法の手続きに従って値を求めます。その結果は、@printf()により出力します。なおJuliaでは、繰り返しを記述するwhileや条件判定のifなどは、対応するendによってその記述を完結させます。

方程式の左辺を与える関数f()は、以下のように定義しています。Juliaでは、関数の定義はfunctionという書き出しで行い、対応するendで記述を締めくくります。また、関数の最後の行の値が関数の戻り値となります。このためf()関数では、16行目のx*x-aの値が関数の戻り値となります。

```
012   # 下請け関数の定義
013   # f()関数
014   """関数値の計算"""
015   function f(x)
016       x*x-a
017   end
018   # f()関数の終わり
```

なお、Juliaでは次のように、関数の戻り値の記述にreturnを利用することも可能です。

```
016       return x*x-a
```

② Julia の数学関数の活用

　前節では、2 分法のアルゴリズムを使って平方根を求めました。これはアルゴリズムを学習する意味では必要な作業ですが、プログラミングの手間を考えると、あまりうまい方法とはいえません。実際には多くのプログラミング言語において平方根を求める機能が用意されていますし、Julia でも同様です。

　Julia で正の平方根を求めるには、sqrt() 関数を利用します。sqrt() 関数はあらかじめ Julia のシステムに組み込まれているため、とくに準備することなく、そのまま利用することができます。

　x の正の平方根 $\sqrt{x}$ は、次のように簡単に求まります。

```
sqrt(x)
```

　sqrt() 関数を用いて正の平方根を求めるプログラム sqrt.jl をリスト 1.2 に、実行結果を出力 1.2 に示します。

リスト 1.2　sqrt.jl プログラム（平方根を関数で求める）

```
001   # sqrt.jl プログラム
002   # sqrt()関数を利用して平方根を求める
003   # 使い方 c:\>julia sqrt.jl
004
005   #main()関数
006   function main()
007       # 入力
008       print("正の平方根を求めたい値を入力:")
009       x=parse(Float64, readline())
010       # 出力
011       println(sqrt(x))
012   end
013
014   # main()関数の実行
015   main()
016
017   #sqrt.jl の終わり
```

9

```
C:\ >julia sqrt.jl
正の平方根を求めたい値を入力:2
1.4142135623730951

C:\ >julia sqrt.jl
正の平方根を求めたい値を入力:0.5
0.7071067811865476


C:\ >
```

Julia では、平方根だけでなく、さまざまな数学関数があらかじめ用意され
ています。表 1.2 に、利用可能な数学関数の例を示します。これらの関数は、
追加のインストールをしなくても利用することが可能です。

表 1.2 Julia で利用可能な数学関数の例

関数	内容
sqrt()	平方根
cbrt()	三乗根
exp()	e^x
log()	自然対数
log(b,x)	b を底とする対数
log2()	2 を底とする対数
log10()	10 を底とする対数

sin() cos() tan() cot() sec() csc() sinh() cosh() tanh() coth() sech() csch() asin() acos() atan() acot() asec() acsc() asinh() acosh() atanh() acoth() asech() acsch() sinc() cosc()	三角関数、および双曲線関数

1.2 数値計算と誤差

① 数値計算における誤差

コンピュータを用いた数値計算では、基本的に、有限桁数の 2 進浮動小数点による計算を行います。このような計算においては、数の表現や計算に伴う誤差がつきまといます。

表 1.3 に、数値計算における誤差の例を示します。これらの誤差は有限桁数の 2 進浮動小数点数を用いた数値計算一般に関係するものであり、Julia に固有の問題ではありません。

表 1.3　数値計算における誤差

項目	説明
桁落ち	値のほぼ等しい数値どうしを減算するなどして、有効数字が失われることによって生じる誤差
丸め誤差	有限桁数の 2 進数で実数を表現することにより生じる誤差
情報落ち	絶対値の大きく異なる数値どうしの演算において、絶対値の小さな数値が演算結果に反映されないために生じる誤差

後述のように、Julia ではこれらの問題にある程度対応することが可能です。しかし、適切に誤差を管理するためには、有限桁数の 2 進浮動小数点数による計算において根本的にどのような問題があるのかを理解しておく必要があり

ます。そこで以下では、これらの問題について検討することにします。

② 数値計算における誤差の実際

具体的な例題を用いて、表 1.3 に示した誤差の実際について説明します。

（1） 桁落ち

値のほぼ等しい数値どうしの減算では、有効数字が失われる可能性があります。この現象を**桁落ち**と呼びます。たとえば、次のような計算を行う場合、x の値が大きいと桁落ちを生じる場合があります。

$$\sqrt{x+1} - \sqrt{x}$$

上式を標準的なハードウェアによるコンピュータを用いて計算する場合、x が 10^{15} 程度になると $\sqrt{x+1}$ と $\sqrt{x}$ の値が有効数字の範囲内でほぼ等しくなり、減算の結果、有効数字が大きく損なわれます。さらに x が 10^{16} 程度では、減算の結果は 0 になってしまいます。

こうした結果を避けるためには、値のほぼ等しい数値どうしの減算を避けなければなりません。たとえば上式の場合には、次のように**分子の有理化**を行います。こうすれば、値のほぼ等しい数値どうしの減算を避けることができます。

$$\sqrt{x+1} - \sqrt{x} = (\sqrt{x+1} - \sqrt{x})\frac{\sqrt{x+1} + \sqrt{x}}{\sqrt{x+1} + \sqrt{x}} = \frac{1}{\sqrt{x+1} + \sqrt{x}}$$

これらの計算を Julia のプログラムとしてコーディングした例を、リスト 1.3 に示します。また、実行結果を出力 1.3 に示します。

リスト 1.3　error1.jl プログラム（桁落ちの例）

```
001   # error1.jl プログラム
002   # 計算誤差の例題プログラム
003   # 桁落ち誤差の例です
004   # 使い方 c:\>julia error1.jl
005
006   # main()関数
007   function main()
008       # x=1e15 の場合
```

```
009        println("x=1e15 の場合")
010        x=1e15
011        res1=sqrt(x+1)-sqrt(x)  # 通常の計算方法
012        res2=1/(sqrt(x+1)+sqrt(x))  # 分子を有理化した計算方法
013        # 結果出力
014        println("通常の計算方法        :", res1)
015        println("分子を有理化した計算方法:", res2)
016        println()
017
018        # x=1e16 の場合
019        println("x=1e16 の場合")
020        x=1e16
021        res1=sqrt(x+1)-sqrt(x)  # 通常の計算方法
022        res2=1/(sqrt(x+1)+sqrt(x))  # 分子を有理化した計算方法
023        # 結果出力
024        println("通常の計算方法        :", res1)
025        println("分子を有理化した計算方法:", res2)
026    end
027
028    # main() 関数の実行
029    main()
030
031    # error1.jl の終わり
```

出力 1.3　error1.jl プログラムの実行結果

```
C:\ >julia error1.jl
x=1e15 の場合
通常の計算方法： 1.862645149230957e-08
分子を有理化した計算方法： 1.5811388300841893e-08

x=1e16 の場合
通常の計算方法： 0.0          異なる値の減算結果が
                             0になってしまう
分子を有理化した計算方法： 5e-09   分子の有理化で減算結果が
C:\ >                        0になることが防がれる
```

error1.jl プログラムは、通常の計算方法により求めた計算結果と、分子を有理化する方法で計算した結果の両方を求めます。出力 1.3 からわかるように、分子を有理化せずに計算する通常の計算方法では、誤差が非常に大きくなります。

以上のように、計算の途中で桁落ちが生じる可能性があると、与えたデータによっては最終的な計算結果に大きな影響を与える場合があります。桁落ちによる誤差は発見が難しい場合もあるため、値のほぼ等しい数値どうしの減算は避けるべきです。

(2) 丸め誤差

丸め誤差（rounding error） は、実数を有限の桁数の 2 進数で表現するために生じる誤差です。我々が一般に用いる 10 進数の無理数や循環小数などをコンピュータで扱う場合には、丸め誤差が生じます。また、10 進数で有限小数であっても、2 進数では循環小数となるような数値を扱う場合にも、丸め誤差が生じることがあります。

たとえば、10 進数の 0.1 は 2 進数では次のような循環小数となります。したがって、10 進数の 0.1 を有限桁数の 2 進数で表現する場合には、10 進数と 2 進数の変換において必ず丸め誤差を伴うことになります。

$$(0.1)_{10} = (0.0001100110011...)_2$$

リスト 1.4 に示す error2.jl プログラムでは、13 行目から 15 行目の for 文により、0.1 を 100 万回加え合わせています。Julia では、for 文の繰り返し指定は、Range 型のオブジェクトを用いて以下のように記述します。

```
1:1000000
```

出力 1.4 に示す実行結果では、加算結果は 10 万よりも少し大きな値となっています。10 進数の 0.1 は、2 進数に変換する過程で丸めにより、0.1 よりわずかに大きな値となるため、このような結果が生じます。

リスト 1.4　error2.jl プログラム（丸め誤差の例）

```
001  # error2.jl プログラム
002  # 計算誤差の例題プログラム
003  # 丸め誤差の例題です
004  # 使い方 c:\>julia error2.jl
005
006  # main()関数
007  function main()
```

```
008        # 10 進の 0.1 の値
009        println(0.1)
010
011        # 0.1 を 1000000 回加える
012        x=0.0
013        for i = 1:1000000
014            x=x+0.1  # 0.1 は 2 進数では循環小数
015        end
016
017        # 結果出力
018        println(x)
019    end
020
021    # main() 関数の実行
022    main()
023
024    # error2.jl の終わり
```

出力 1.4　error2.jl プログラムの実行結果

```
C:\ >julia error2.jl
0.1
100000.00000133288          0.1 を 100 万回加えても
                            結果が 10 万にならない
                            （丸め誤差の影響）
C:\ >
```

　丸め誤差は、有限桁数の 2 進数を数値表現として用いるコンピュータで実数を表現する限りは、不可避の誤差です。したがって、このような「丸め誤差が計算過程に大きく影響を及ぼすアルゴリズム」は、採用するべきではありません。

(3) 情報落ち

　情報落ちは、絶対値の大きく異なる数値どうしの演算において、絶対値の小さな数値が演算結果に反映されない現象です。情報落ちが生じる場合の例として、10^{10} に 10^{-8} を繰り返し加える計算を考えます。

　たとえば 1000 万回加算すると、結果は次のようになるべきです。

$$10^{10} + \underbrace{10^{-8} \cdots + 10^{-8}}_{10^{-8} \text{ を } 1000\,万回加算} = 10^{10} + 0.1$$

　しかし、この計算を Julia のプログラムとして実装するとき、コーディング方法によっては情報落ちにより正しい結果を得られない場合があります。リスト 1.5 に情報落ちが生じるプログラムの例を、出力 1.5 にその実行結果を示します。

リスト 1.5　error3.jl プログラム（情報落ちの例）

```
001  # error3.jl プログラム
002  # 計算誤差の例題プログラム
003  # 情報落ち誤差の例題です
004  # 使い方 c:\>julia error3.jl
005
006  # main()関数
007  function main()
008      # 初期設定
009      x=1e10
010      y=1e-8
011      temp=0.0
012
013      # y(1e-8)を x(1e10)に 10000000 回加える
014      for i = 1:10000000
015          x=x+y
016      end
017      # 結果出力
018      println(x)
019
020      # 先に y(1e-8)を 10000000 回加える
021      for i = 1:10000000
022          temp+=y
023      end
024      # 加えた結果を x(1e10)に加える
025      x=1e10
026      x+=temp
027      # 結果出力
028      println(x)
029  end
030
```

```
031   # main()関数の実行
032   main()
033
034   # error3.jl の終わり
```

出力 1.5　error3.jl プログラムの実行結果

```
C:\ > julia error3.jl
1.0e10            先に絶対値の小さな数値を絶対値の大きな
                  数値に加えると加算の結果が反映されない
1.00000000001e10
                  先に絶対値の小さな数値どうしを加えて
C:\>              あとから絶対値の大きな数値に加えると
                  加算結果が最終結果に反映される
```

error3.jl プログラムで示したように、計算順序を変更すると、情報落ち
を防ぐことができる場合があります。情報落ちを防ぐためには、たとえば数列
の和を計算する場合には絶対値の小さな数値から順に加える、などの工夫をす
る必要があります。

③ Julia 固有の機能の活用

Julia には、数値計算で問題となる誤差を適切に扱うためのしくみが用意さ
れています。例として **BigInt** と **BigFloat** が挙げられます。

BigInt は、任意の桁数を扱うことができる整数型です。たとえば、次のよ
うな計算が可能です。

```
julia> BigInt(2)^1000

107150860718626732094842504906000181056140481170553360744375
038837035105112492961224931983788156958581275946729175531468
251871452856923140435984577574698574803934567774824230985421
074605062371141877954182153046474983581941267398767559165543
946077062914571196477686542167660429831652624386837205668069
376

julia>
```

この例では、2^{1000} を計算する際に BigInt 型を利用することで、正確な値を求めています。

　BigFloat は、浮動小数点数の仮数部のビット幅を任意に指定することのできる浮動小数点型です。たとえば、次のような計算を行うことができます。

```
julia> sqrt(BigFloat(2))
1.41421356237309504880168872420969807856967187537694807317667
97379907324784462102

julia> setprecision(1024)
1024

julia> sqrt(BigFloat(2))

1.41421356237309504880168872420969807856967187537694807317667
97379907324784462107038850387534327641572735013846230912297024
92483605585073721264412149709993583141322266592750559275579995
05011527820605714701095599716059702745345968620147285174186408
89198609555232923048430871432145083976260362799525140798968725
3402

julia>
```

　この例の 1 行目では、デフォルトの BigFloat 型の設定において $\sqrt{2}$ の値を求めています。次に setprecision(1024) と指定することで、仮数部を 2014 ビットで表現させています。そのうえで $\sqrt{2}$ の値を求めると、デフォルトの状態よりもさらに多くの桁数の計算結果を得ることができます。

　リスト 1.3 に示した桁落ち誤差を引き起こす error1.jl プログラムを、BigFloat 型を使って書き直してみましょう。リスト 1.6 に、BigFloat を利用した noerror1.jl プログラムを示します。

リスト 1.6　noerror1.jl プログラム（BigFloat を利用した桁落ち回避）

```
001    # noerror1.jl プログラム
002    # BigFloat を用いた例題プログラム
003    # BigFloat を用いることで桁落ち誤差を回避しています
004    # 使い方 c:\>julia noerror1.jl
005
006    # main()関数
007    function main()
008        # x=1e15 の場合
009        println("x=1e15 の場合")
010        x=BigFloat(1e15) # BigFloat の利用
011        res1=sqrt(x+1)-sqrt(x) # 通常の計算方法
012        res2=1/(sqrt(x+1)+sqrt(x)) # 分子を有理化した計算方法
013        # 結果出力
014        println("通常の計算方法            :", res1)
015        println("分子を有理化した計算方法:", res2)
016        println()
017
018        # x=1e16 の場合
019        println("x=1e16 の場合")
020        x=BigFloat(1e16) # BigFloat の利用
021        res1=sqrt(x+1)-sqrt(x) # 通常の計算方法
022        res2=1/(sqrt(x+1)+sqrt(x)) # 分子を有理化した計算方法
023        # 結果出力
024        println("通常の計算方法            :", res1)
025        println("分子を有理化した計算方法:", res2)
026    end
027
028    # main()関数の実行
029    main()
030
031    # noerror1.jl の終わり
```

　出力 1.6 は、noerror1.jl プログラムの実行結果です。10^{15} と 10^{16} のいずれの場合でも、通常の計算でも分子を有理化した計算でも、同じ結果を得ています。

```
C:\ >julia noerror1.jl
x=1e15 の場合
通常の計算方法        :1.58113883008418927071473925116914040
935184503915751515823055983483857056217921821e-08
分子を有理化した計算方法:1.58113883008418927071473925116914040935
1845039157515158230559824464874325477366e-08

x=1e16 の場合
通常の計算方法        :4.99999999999999987500000000000000062499
99999999999960937500000003403084038094401501e-09
分子を有理化した計算方法:4.99999999999999987500000000000000062499
99999999999960937500000002734374999997212e-09
```

ただし、BigFloat を使っても桁落ちをなくせるわけではありません。10^{15} や 10^{16} の程度の数値では問題を回避できていますが、さらに大きな値を扱えば問題が生じる危険性があります。数値計算においては、**常に計算過程や計算結果についての考察が必要**であることを忘れてはいけません。

さて、浮動小数点数の丸め誤差を低減させる別の考え方の例として、約分や通分といった分数計算をそのまま実行する方法が挙げられます。Julia には、有理数をそのまま計算する機能が備えられています。これを利用すると、小数表現による丸め誤差を生じさせずに、分数として計算を進めることが可能です。Julia では、分数は次のように表現できます。

$1/3$ → 1//3
$4/5$ → 5//4

リスト 1.7 に、Julia の有理数計算機能を利用した例題プログラム fracex.jl を示します。出力 1.7 はその実行結果です。このプログラムでは、約分や通分、分数の乗算などの分数計算を実行しています。

リスト 1.7 fracex.jl プログラム（分数計算による桁落ち回避）

```
001  # fracex.jl プログラム
002  # 分数の処理
003  # 使い方 c:\>julia fracex.jl
004
```

```
005   # main()関数
006   function main()
007       # 分数計算
008       println(5//10,"    ", 3//15) # 5/10 と 3/15 の約分
009       println(1//3 + 1//7) # 1/3+1/7
010       println(5//3 * 6//7 * 3//2) # 5/3*6/7*3/2
011   end
012
013   # main()関数の実行
014   main()
015
016   # fracex.jl の終わり
```

出力 1.7　fracex.jl プログラムの実行結果

```
C:\ > julia fracex.jl
1//2    1//5
10//21
15//7
C:\ >
```

　出力 1.7 の 1 行目は、5/10 および 3/15 の約分結果です。2 行目は $1/3+1/7$ の計算結果であり、3 行目は $5/3×6/7×3/2$ の計算結果です。いずれも分数としての計算がなされており、有限桁数の 2 進浮動小数点数を用いた計算と異なり、数学的に正しい値が求まっています。

章末問題 1

（1）Julia の既存のプログラムを利用すると、詳しいアルゴリズムを知らなくても、数値計算やシミュレーションを実行することが可能です。それにもかかわらず、なぜそうしたアルゴリズムを学ぶ必要があるのでしょうか？

（2）2 次方程式 $ax^2+bx+c=0$ の解の公式

$$x=\frac{-b\pm\sqrt{b^2-4ac}}{2a}$$

をそのまま用いると、桁落ちが生じる危険性があります。桁落ちに配慮した 2 次方程式解法プログラムを作成してください。

第2章

常微分方程式にもとづく物理シミュレーション

本章では、常微分方程式にもとづいて記述された質点の運動シミュレーションを扱います。最初に簡単な1次元運動シミュレーションとして物体の落下現象を扱い、次に、ポテンシャルをもった2次元平面内を運動する質点のシミュレーションを行います。

2.1 質点の1次元運動シミュレーション

はじめに、1次元の運動シミュレーションとして、地面に向かって降下していくロケットの運動をシミュレートしてみましょう。

質点の運動は、式(1)に示す**運動方程式**（**equation of motion**）に支配されます。式(1)において、F：力、m：質量、a：加速度、v：速度、x：位置、t：時刻です。

$$F = ma = m\frac{dv}{dt} = m\frac{d^2x}{dt^2} \tag{1}$$

以下では、式(1)をもとに、最も単純な落下運動である自由落下と、逆噴射をしながら飛行するロケットの降下について、それぞれシミュレーションを行います。

① 自由落下のシミュレーション

重力以外の力が働かない**自由落下**（**free fall**）の状態では、地球上における加速度 a は定数 $g = 9.80665 (m/s^2)$ となります。この定数 g を**重力加速度**（**gravitational acceleration**）と呼びます。

自由落下の場合には、運動方程式は解析的に簡単に解けてしまいます。速度を v_f、位置を x_f とし、速度および位置の初期値をそれぞれ v_{f0} と x_{f0} とすれば、それぞれの関係は次の式(2)のようになります。

$$v_f = v_{f0} + gt$$

$$x_f = x_{f0} + v_{f0}t + \frac{1}{2}gt^2 \tag{2}$$

　自由落下の運動は、式(2)を計算すれば簡単に求まります。このように運動方程式が解析的に解ける場合には、解いた結果の式から値を求めるだけで済みます。しかし一般には、運動方程式が解析的に解けるとは限りません。そこで数値計算が役立ちます。

　数値計算によって運動方程式を計算できれば、解析的に運動方程式が解けない場合でも、運動の様子を数値的に調べることができます。そこで、式(2)を直接計算するのではなく、最初に示した運動方程式(式(1))を数値的に計算することを考えます。

　一般に、「**常微分方程式（ordinary differential equation**）をある初期値のもとで数値的に解く」とは、「初期値から始めて、ある刻み幅で次の値を順々に求めていく」という作業を指します。たとえば、次の常微分方程式(式(3))を「初期条件 $v_f(t_1) = v_{f0}$ で数値的に解く」とは、「ある刻み幅 h で並んだ時刻 $t_1, t_2, t_3, \dots$ に対して、$v_f(t_1), v_f(t_2), v_f(t_3), \dots$ を順に求める」ことです。

$$\frac{dv_f}{dt} = g \tag{3}$$

　一般の 1 階常微分方程式を数値的に解く方法として、**オイラー（Euler）法**や**ルンゲクッタ（Runge-Kutta）法**などがあります。オイラー法では、一般の 1 階常微分方程式(式(4))について、$x_0 = x_0 + h$ に対応する y_0 の値を、$y_1 = y_0 + f(x_0, y_0) \times h$ と近似します。

$$\frac{dy}{dx} = f(x, y) \qquad ただし y(x_0) = y_0 \tag{4}$$

　これは、y を表す曲線を、刻み幅 h に対応する短い直線で近似したことを意味します。この近似を順次繰り返せば、初期値から順に y の値を求めることが可能です。

　オイラー法は直線による荒い近似なので、実用的にはあまり用いられません。実際にはルンゲクッタ法や、さらに高精度な数値的解法が用いられます。しかしここではわかりやすさを優先し、オイラー法により運動方程式を数値計

算してみましょう。なお、付録 B にルンゲクッタ法の公式を示します。

　オイラー法で自由落下の運動方程式を計算するには、2 階の常微分方程式である式(1)を、v_f と、x_f に関する連立 1 階常微分方程式とみなし、時刻 t を刻み幅 h で変化させながら v_f と x_f を順に求めます。

$$\frac{dv_f}{dt} = g$$

$$\frac{dx_f}{dt} = v_f \tag{5}$$

　以下に具体的な計算の処理手順を示します。

手順 1：以下の各変数について、適当な初期値を決定します。

　　　　刻　　み　　幅：h

　　　　速度の初期値：v_{f0}

　　　　位置の初期値：x_{f0}

手順 2：オイラー法により、次のステップの速度 v_{f1} を求めます。

　　　　$v_{f1} = v_{f0} + g \cdot h$

手順 3：オイラー法により、次のステップの位置 x_{f1} を求めます。

　　　　$x_{f1} = x_{f0} + v_{f1} \cdot h$

手順 4：手順 2 と手順 3 で求めた v_{f1} と x_{f1} を用いて、同様の手順で v_{f2} と x_{f2} を求めます。

　　　　$v_{f2} = v_{f1} + g \cdot h$

　　　　$x_{f2} = x_{f1} + v_{f2} \cdot h$

手順 5：以下同様に、v_{fi} と x_{fi} から v_{fi+1} と x_{fi+1} を順に求めます。

　　　　$v_{fi+1} = v_{fi} + g \cdot h$

　　　　$x_{fi+1} = x_{fi} + v_{fi+1} \cdot h$

　以上の方法で自由落下のシミュレーションを行うプログラム freefall.jl を、リスト 2.1 に示します。

リスト 2.1　freefall.jl プログラム（自由落下のシミュレーション）

```
001  # freefall.jl プログラム
002  # 自由落下のシミュレーション
003  # 自由落下の運動法方程式を数値的に解きます
004  # 使い方 c:\>julia freefall.jl
```

```
005
006    using Printf  #  @printf()を使用
007
008    # グローバル変数
009    G=9.80665 # 重力加速度
010
011    # main()関数
012    function main()
013        t = 0.0    # 時刻 t
014        h = 0.01   # 時刻の刻み幅
015
016        # 係数の入力
017        print("初速度 v0 を入力してください:")
018        v = parse(Float64, readline())
019        print("初期高度 x0 を入力してください:")
020        x = parse(Float64, readline())
021        @printf("%-7.2f %-10.7f %-10.7f\n", t, x, v) # 現在
    時刻と現在の位置
022
023        # 自由落下の計算
024        while x > 0   # 地面に達するまで計算
025            t += h # 時刻の更新
026            v += G*h # 速度の計算
027            x -= v * h # 位置の更新
028            @printf("%-7.2f %-10.7f %-10.7f\n", t, x, v) #
    現在時刻と現在の位置
029        end
030    end
031
032    # main()関数の実行
033    main()
034
035    # freefall.jl の終わり
```

　freefall.jl プログラムの実行結果を、出力 2.1 に示します。出力 2.1 の
シミュレーション例では、高度 100 m から初速度 0 m/s で落下した場合の、
各時刻における高度を計算しています。

出力 2.1　`freefall.jl` プログラムの実行結果

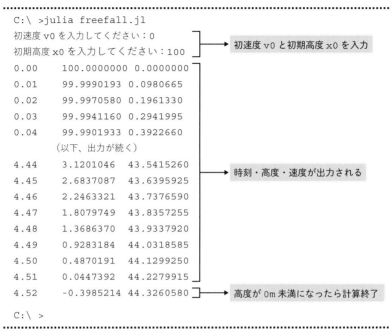

出力 2.1 にあるように、`freefall.jl` プログラムは、ある初期高度からの落下の様子を計算し、落下の各時刻における高度を数値で出力します。初速度を与えることができますが、初速度は上に向かう方向を正としています。高度が 0 m より低くなり地面に到達したら、計算を終了します。

`freefall.jl` プログラムの計算結果は数値として出力されます。数値を見ているだけでは、結果がどうなっているのかよくわかりません。そこで、結果を可視化することを考えます。ここでは、`freefall.jl` プログラムの出力した数値をグラフとして表現してみましょう。

グラフを描くツールとして、Julia のパッケージである **Plots** を用います。Plots を用いると、Julia のプログラムで簡単にグラフを描画することができます。Plots パッケージは Julia をインストールするだけでは利用できず、追加でインストールする必要があります。付録 A に Plots パッケージのインストール方法を記載します。

`freefall.jl` にグラフ描画機能を付け加えた `gfreefall.jl` プログラム

を、リスト 2.2 に示します。このプログラムでは、時刻 t と高度 x のデータを
tlist[] および xlist[] に順次記録していき、最後にこれらの値をグラフと
して出力しています。

リスト 2.2　gfreefall.jl プログラム（グラフ描画機能を追加）

```
001  # gfreefall.jl プログラム
002  # 自由落下のシミュレーション
003  # 自由落下の運動法方程式を数値的に解きます
004  # Plots によるグラフ描画機能付き
005  # 使い方 c:\>julia gfreefall.jl
006
007  using Printf # @printf()を使用
008  using Plots  # グラフ描画
009
010  # グローバル変数
011  G=9.80665 # 重力加速度
012
013  # main()関数
014  function main()
015      t = 0.0   # 時刻 t
016      h = 0.01  # 時刻の刻み幅
017
018      # 係数の入力
019      print("初速度 v0 を入力してください:")
020      v = parse(Float64, readline())
021      print("初期高度 x0 を入力してください:")
022      x = parse(Float64, readline())
023      @printf("%-7.2f %-10.7f %-10.7f\n", t, x, v) # 現在
     時刻と現在の位置
024  # グラフデータに現在位置を追加
025      tlist=[t]
026      xlist=[x]
027
028      # 自由落下の計算
029      while x > 0    # 地面に達するまで計算
030          t += h     # 時刻の更新
031          v += G*h   # 速度の計算
032          x -= v * h # 位置の更新
033          @printf("%-7.2f %-10.7f %-10.7f\n", t, x, v) #
     現在時刻と現在の位置
```

```
034        # グラフデータに現在位置を追加
035            push!(tlist, t)
036            push!(xlist, x)
037        end
038        # グラフの表示
039        p = plot(tlist, xlist)  # グラフをプロット
040        display(p)              # 描画
041        readline(stdin)         # Enter キーを待つ
042    end
043
044    # main()関数の実行
045    main()
046
047    # gfreefall.jl の終わり
```

gfreefall.jl プログラムで描画した時刻と高度の関係のグラフを、出力 2.2(a)に示します。出力 2.2(a)では時刻と高度の関係が放物線で描かれており、両者が 2 次の関係であることが見て取れます。

出力 2.2（a）　gfreefall.jl プログラムで描画した時刻と高度のグラフ

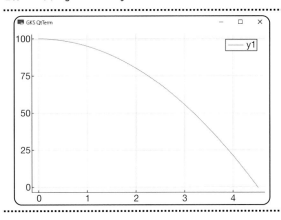

freefall.jl プログラムでは、初速度を与えることができます。初速度 v0 を $-100(m/s)$、初期高度 x0 を $100(m)$ としたときの実行結果を、出力 2.2 (b) に示します。

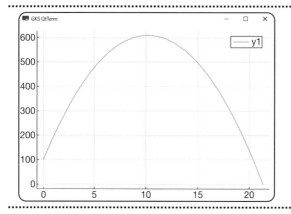

　gfreefall.jl プログラムにおいて、グラフ描画に関係する部分を説明します。まず 8 行目では、グラフ描画に必要な Plots の組み込みを指示しています。

```
008  using Plots  # グラフ描画
```

　グラフ描画に必要な時刻 t と高度 x のデータは、tlist[] および xlist[] に格納します。25 行目と 26 行目では、初期値を用いて、これらのリストを初期化しています。

```
024  # グラフデータに現在位置を追加
025    tlist=[t]
026    xlist=[x]
```

　自由落下の計算ループ（29 行目〜37 行目）内部では、自由落下の計算結果が求まるたびに、tlist[] および xlist[] に値を格納します。この際、リストへのデータの追加に push!() 関数を利用します。

```
035        push!(tlist, t)
036        push!(xlist, x)
```

　Julia では、関数に与えられた引数が変更される場合には、関数名の最後に！

を追加する習慣があります。push!()関数は、引数として与えられたリスト
に要素を追加することで引数を変更するので、関数名の最後に!がつけられて
います。

　tlist[]およびxlist[]に描画データが格納され終えたら、plot()関数
を使ってグラフをプロットし、画面にグラフを表示します。表示は一瞬で消え
てしまうので、readline()関数を使ってEnterキーの入力を待つことで、表
示を停止させています。

```
038      # グラフの表示
039      p = plot(tlist,  xlist)  # グラフをプロット
040      display(p)               # 描画
041      readline(stdin)          # Enter キーを待つ
```

② 着陸船のシミュレーション

　自由落下のシミュレーション手法を応用すると、逆噴射を行って軟着陸する
着陸船ロケットのシミュレーションを行うことができます。

　逆噴射を行ってロケットに上向きの加速度を与えると、重力加速度 g が相殺
されます。本来であれば、逆噴射を行えば燃料を消費するため、ロケットの質
量が変化します。さらに、搭載する燃料の量の制限で、逆噴射を行える時間は
限られています。ただし簡単のため、ここではこうした制約を一切無視するこ
とにします。すると、一定の加速度 a を与える逆噴射を行う場合のロケット
の運動方程式は、自由落下の場合と同じ形式となります。

$$\frac{dv_f}{dt} = g - a$$

$$\frac{dx_f}{dt} = v_f \tag{6}$$

　シミュレーションでは、逆噴射の強さは一定とし、逆噴射を開始する時刻を
あらかじめ指定することにします。これにより、たとえば高度 100 m から初
速度 $0(m/s)$ で落下し始め、落下開始 2 秒後から逆噴射を行う、といったシ
ミュレーションが行えます。

　以上の前提で、freefall.jl プログラムを改造した lander.jl プログラ
ムをリスト 2.3 に、実行結果を出力 2.3 に示します。

リスト 2.3　lander.jl プログラム（着陸船シミュレーション）

```julia
001  # lander.jl プログラム
002  # 落下運動のシミュレーション
003  # 逆噴射をする、着陸船のシミュレーションです
004  # 使い方 c:\>julia lander.jl
005
006  using Printf # @printf()を使用
007
008  # グローバル変数
009  F=1.5 # 逆噴射の加速度を決定する係数
010  G=9.80665 # 重力加速度
011
012  # 下請け関数の定義
013  # retrofire()関数
014  function retrofire(t, tf)
015  """ 逆噴射の制御を担当する関数"""
016      if t >= tf
017          return -F*G # 逆噴射
018      else
019          return 0.0  # 逆噴射なし
020      end
021  end
022  # retrofire()関数の終わり
023
024  # main()関数
025  function main()
026      t = 0.0    # 時刻t
027      h = 0.01   # 時刻の刻み幅
028
029      # 係数の入力
030      print("初速度 v0 を入力してください:")
031      v = parse(Float64, readline())
032      print("初期高度 x0 を入力してください:")
033      x0 = parse(Float64, readline())
034      print("逆噴射開始時刻 tf を入力してください:")
035      tf = parse(Float64, readline())
036      x=x0 # 初期高度の設定
037      @printf("%-7.2f %-10.7f %-10.7f\n", t, x, v) # 現在
     時刻と現在の位置
038
```

```
039        # 自由落下の計算
040        while (x>0) && (x<=x0)   # 地面に達するか初期高度より高く
なるまで計算
041            t += h # 時刻の更新
042            v+=(G+retrofire(t, tf))*h # 速度の計算
043            x -= v * h # 位置の更新
044            @printf("%-7.2f %-10.7f %-10.7f\n", t, x, v) #
現在時刻と現在の位置
045        end
046    end
047
048 # main()関数の実行
049 main()
050
051 # lander.jl の終わり
```

出力 2.3 `lander.jl` プログラムの実行結果

```
C:\ >julia lander.jl
初速度 v0 を入力してください：0
初期高度 x0 を入力してください：100          初速度 v0・初期高度 x0・
逆噴射開始時刻 tf を入力してください：2.62    逆噴射開始時刻 tf を入力
0.00    100.0000000 0.0000000
0.01    99.9990193 0.0980665
0.02    99.9970580 0.1961330
0.03    99.9941160 0.2941995
0.04    99.9901933 0.3922660
        （以下、出力が続く）
7.19    0.1089728 3.2852277
7.20    0.0766108 3.2361945
7.21    0.0447392 3.1871612
7.22    0.0133579 3.1381280
7.23    -0.0175330 3.0890947      高度が 0m 未満になったら計算終了
C:\ >
```

　出力 2.3 では、高度（x0）が 100 m から初速度 $0(m/s)$ で落下し始め、落下開始 2.62 秒後から逆噴射を行う条件でシミュレーションを行っています。その結果、高度 0 m における速度 v_f が出力 2.1 と比較してごく小さくなっています。出力 2.1 が墜落だとすると、出力 2.3 は軟着陸だといえるでしょう。

`lander.jl` プログラムでは、逆噴射による加速度を重力加速度の F 倍としています。係数 F の値はプログラム 9 行目の代入文で与えており、ここでは 1.5 としています。

　リストの 29 行目〜35 行目において、初速度・初期高度・逆噴射開始時刻の入力を行います。その後、40 行目からの while 文により、各時刻の速度と高度を求めます。この while 文は、「高度が 0 未満となり地表に達する」もしくは「逆噴射が強すぎて初期高度よりも高度が高くなる」のいずれかの条件で終了します。

　速度と位置の計算は、先に示した `freefall.jl` プログラムとほぼ同様です。逆噴射を行う前の自由落下と逆噴射後の落下の計算は、42 行目の速度の計算式により 1 つにまとめられています。

```
042                 v+=(G+retrofire(t, tf))*h # 速度の計算
```

　42 行目の速度の計算において、`retrofire()` 関数を呼び出しています。`retrofire()` 関数の定義は 13 行目から始まります。`retrofire()` 関数は、逆噴射開始時刻 tf 以前には 0 を返し、開始時刻以降には -F*G を返します。`retrofire()` 関数を速度の計算に用いることにより、逆噴射前後の計算を同じ式で行うことができます。

　`freefall.jl` プログラムと同様に、`lander.jl` プログラムにもグラフ描画機能を追加してみましょう。リスト 2.4 に、グラフ描画機能を追加した `glander.jl` プログラムを示します。

リスト 2.4　`glander.jl` プログラム（グラフ描画機能を追加）

```
001   # glander.jl プログラム
002   # 落下運動のシミュレーション
003   # 逆噴射をする、着陸船のシミュレーションです
004   # Plots によるグラフ描画機能付き
005   # 使い方 c:\>julia glander.jl
006
007   using Printf # @printf()を使用
008   using Plots  # グラフ描画
009
010   # グローバル変数
011   F=1.5 # 逆噴射の加速度を決定する係数
```

```
012    G=9.80665 # 重力加速度
013
014    # 下請け関数の定義
015    #retrofire()関数
016    function retrofire(t, tf)
017    """ 逆噴射の制御を担当する関数"""
018        if t >= tf
019            return -F*G # 逆噴射
020        else
021            return 0.0   # 逆噴射なし
022        end
023    end
024    # retrofire()関数の終わり
025
026    # main()関数
027    function main()
028        t = 0.0    # 時刻 t
029        h = 0.01   # 時刻の刻み幅
030
031        # 係数の入力
032        print("初速度 v0 を入力してください:")
033        v = parse(Float64, readline())
034        print("初期高度 x0 を入力してください:")
035        x0 = parse(Float64, readline())
036        print("逆噴射開始時刻 tf を入力してください:")
037        tf = parse(Float64, readline())
038        x=x0 # 初期高度の設定
039        @printf("%-7.2f %-10.7f %-10.7f\n", t, x, v) # 現在
    時刻と現在の位置
040    # グラフデータに現在位置を追加
041        tlist=[t]
042        xlist=[x]
043
044        # 自由落下の計算
045        while (x>0) && (x<=x0)   # 地面に達するか初期高度より高く
    なるまで計算
046            t += h # 時刻の更新
047            v+=(G+retrofire(t, tf))*h # 速度の計算
048            x -= v * h # 位置の更新
049            @printf("%-7.2f %-10.7f %-10.7f\n", t, x, v) #
    現在時刻と現在の位置
```

35

```
050        # グラフデータに現在位置を追加
051            push!(tlist, t)
052            push!(xlist, x)
053        end
054        # グラフの表示
055        p = plot(tlist,  xlist) # グラフをプロット
056        display(p)               # 描画
057        readline(stdin)          # Enter キーを待つ
058    end
059
060    # main()関数の実行
061    main()
062
063    # glander.jl の終わり
```

　リスト 2.3 と同じ初期設定による実行結果を、出力 2.4(a)に示します。これは時刻と高度のグラフです。

出力 2.4（a）　glander.jl プログラムで描画した時刻と高度のグラフ

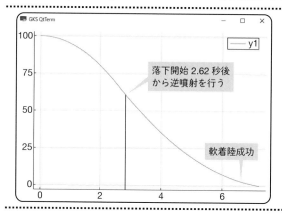

　なお、glander.jl プログラムでは、与える初期値によっては着陸せずに空に飛んでいってしまう場合もあります。出力 2.4(b)と出力 2.4(c)に、飛び上がってしまって着陸できない場合のシミュレーション例を示します。

出力 2.4（b）　飛び上がってしまって着陸できない場合の実行結果

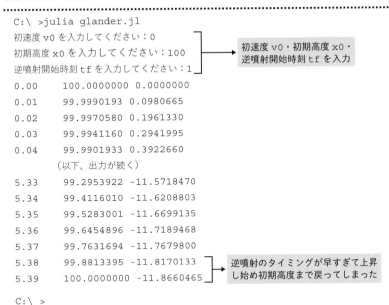

```
C:\ >julia glander.jl
初速度 v0 を入力してください：0
初期高度 x0 を入力してください：100
逆噴射開始時刻 tf を入力してください：1
0.00      100.0000000 0.0000000
0.01       99.9990193 0.0980665
0.02       99.9970580 0.1961330
0.03       99.9941160 0.2941995
0.04       99.9901933 0.3922660
          （以下、出力が続く）
5.33       99.2953922 -11.5718470
5.34       99.4116010 -11.6208803
5.35       99.5283001 -11.6699135
5.36       99.6454896 -11.7189468
5.37       99.7631694 -11.7679800
5.38       99.8813395 -11.8170133
5.39      100.0000000 -11.8660465

C:\ >
```

初速度 v0・初期高度 x0・逆噴射開始時刻 tf を入力

逆噴射のタイミングが早すぎて上昇し始め初期高度まで戻ってしまった

出力 2.4（c）　飛び上がってしまって着陸できない場合の時間と高度のグラフ

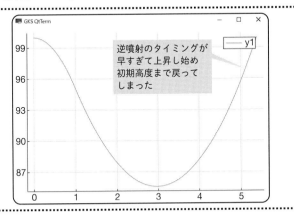

2.2 ポテンシャルにもとづく2次元運動シミュレーション

① ポテンシャルにもとづく2次元運動

前節では、鉛直方向に質点が落下する1次元運動を扱いました。今度は、2次元平面内を移動する質点の運動をシミュレートしてみましょう。

2次元運動の場合でも、運動を記述する方程式はニュートンの運動方程式です。先の式(1)では明示しませんでしたが、方程式中の $\boldsymbol{F}$、$\boldsymbol{\alpha}$、$\boldsymbol{v}$、および $\boldsymbol{x}$ は、いずれもベクトル量です。再掲の下記式(7)では、これを明示しています。

$$\boldsymbol{F} = m\boldsymbol{\alpha} = m\frac{d\boldsymbol{v}}{dt} = m\frac{d^2\boldsymbol{x}}{dt^2} \tag{7}$$

2次元運動をシミュレートするためには、式(7)を数値的に解けばよいのです。具体的には、式(7)を x 軸および y 軸の各成分について数値計算します。

さて、ここではシミュレーション対象とする2次元平面を、図2.1のように設定することにします。

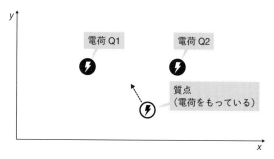

図2.1 シミュレーション対象とする2次元平面

図2.1の平面内には、質点に対して力を及ぼすものとして、Q_1 と Q_2 が置かれています。Q_1 と Q_2 は質点に対して**引力**や**斥力**を与えるもので、**電荷**（**charge**）のようなものだと考えてください。図2.1において、Q_1 と Q_2 はこの2次元平面の中で固定されており、質点は動き回れるとします。また、質点は単位となる電荷をもっており、Q_1 や Q_2 から力を受けるものとします。

　この平面の中を質点が運動すると、質点は Q_1 と Q_2 から引力や斥力を受けます。その力は、本物の電荷による場合と同様、Q_1 と Q_2 からの距離 r の 2 乗に反比例するとしましょう。Q_1 と Q_2 の質点に対する影響力の強さを q_1 と q_2 とすれば、質点に働く力の大きさ $|\boldsymbol{F}_{Q_1}|, |\boldsymbol{F}_{Q_2}|$ は次のようになります。ただし、k は適当な係数です。また、質点のもっている電荷は -1 であるとします。

$$|\boldsymbol{F}_{Q_1}| = \frac{kq_1}{r^2}$$

$$|\boldsymbol{F}_{Q_2}| = \frac{kq_2}{r^2} \tag{8}$$

　この設定は、結局、平面内に固定された複数の電荷があるときに、ある単位となる電荷をもった質点が平面内で運動を行う際のシミュレーションを行うのと同等になります。言い換えれば、電荷によって与えられたポテンシャルの中を運動する、荷電粒子のシミュレーションです。

② 2 次元運動シミュレーション

　さて、式(7)を図 2.1 の設定で数値的に解くことを考えます。まず、1 つの電荷 Q から単位となる電荷をもった質点に働く力 $\boldsymbol{Fq}$ を、x 軸方向の力 $\boldsymbol{Fq}_x$ と y 軸方向の力 $\boldsymbol{Fq}_y$ に分けて、次のように考えます（図 2.2）。

$$Fq_x = \frac{(x_x - q_x)}{r} \times |\boldsymbol{Fq}| = \frac{(x_x - q_x)}{r} \times \frac{kq}{r^2} \tag{9}$$

$$Fq_y = \frac{(x_y - q_y)}{r} \times |\boldsymbol{Fq}| = \frac{(x_y - q_y)}{r} \times \frac{kq}{r^2} \tag{10}$$

ただし、$r^2 = (x_x - q_x)^2 + (x_y - q_y)^2$、かつ k は適当な係数とする。

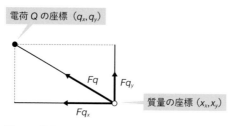

図 2.2　質点の受ける力

式(9)と式(10)において、係数 $k=1$、質点の質量 $m=1$ とすると、加速度 $\alpha=(a_x, a_y)$ が求まります。

$$\alpha_x = \frac{(x_x - q_x)}{r^3} \times q$$

$$\alpha_x = \frac{(x_y - q_y)}{r^3} \times q \tag{11}$$

電荷が 2 個以上存在する場合には、式(11)を電荷の数だけ重ね合わせて、最終的な加速度を求めます。あとは、先に式(5)を計算したときと同様に、数値計算を行います。計算の手順を以下に示します。

手順 1：以下の各変数について、適当な初期値を決定します。

　　　　　時刻の刻み幅：h

　　　　　質点の初速度：(v_{x0}, v_{y0})

　　　　　質点の初期位置：(x_{x0}, x_{y0})

　　　　　電荷の個数：$nofq$

　　　　　すべての電荷 q_i の位置：(q_{xi}, q_{iy})

　　　　　すべての電荷 q_i の電荷の大きさ：q_{iq}

手順 2：オイラー法により、次のステップの速度 v_{next} を求めます。

　　　　　$v_{nextx} = v_x + a_x \cdot h$

　　　　　$v_{nexty} = v_y + a_y \cdot h$

　　　　　ただし a_x と a_y は式(11)で求めた値をすべての電荷について加算することで求めるとします。

手順 3：オイラー法により、次のステップの位置 x_{next} を求めます。

　　　　　$x_{nextx} = x_x + v_{nextx} \cdot h$

　　　　　$x_{nexty} = x_y + v_{nexty} \cdot h$

手順 4：手順 3 と手順 4 を、適当な終了条件を満たすまで繰り返します。

以上の計算を行うプログラム efield.jl を、リスト 2.5 に示します。

リスト 2.5　efield.jl プログラム（2 次元運動シミュレーション）

```
001  # efield.jl プログラム
002  # 2 次元運動のシミュレーション
003  # 電界中の荷電粒子のシミュレーションです
004  # 使い方 c:\>julia efield.jl
005
006  using Printf # @printf()を使用
007
008  # グローバル変数
009  Q=(((0.0, 0.0), 10.0), ((5.0, -5.0), 5.0)) # 電荷の位置と
     値
010  TIMELIMIT=20.0 # シミュレーション打ち切り時刻
011  RLIMIT=0.1      # 距離 r の最低値
012  H=0.01          # 時刻の刻み幅
013
014  # main()関数
015  function main()
016      t=0.0    # 時刻 t
017
018      # 係数の入力
019      print("初速度 v0x を入力してください:")
020      vx = parse(Float64, readline())
021      print("初速度 v0y を入力してください:")
022      vy = parse(Float64, readline())
023      print("初期位置 x を入力してください:")
024      x = parse(Float64, readline())
025      print("初期位置 y を入力してください:")
026      y = parse(Float64, readline())
027      @printf("%-7.2f %-10.7f %-10.7f %-10.7f %-10.7f\n",
     t, x, y, vx, vy)
028      # 現在時刻と現在の位置
029
030      # 2 次元運動の計算
031      while t<TIMELIMIT   # 打ち切り時間まで計算
032          t=t+H           # 時刻の更新
033          rmin=Inf        # 距離の最小値を初期化
034          for qi in Q
```

```
035            rx=qi[1][1]-x       # 距離 rx の計算
036            ry=qi[1][2]-y       # 距離 ry の計算
037            r=sqrt(rx*rx+ry*ry) # 距離 r の計算
038            if r<rmin
039                rmin=r # 距離の最小値を更新
040            end
041            vx+=(rx/r/r/r*qi[2])*H # 速度 vx の計算
042            vy+=(ry/r/r/r*qi[2])*H # 速度 vy の計算
043        end
044        x+=vx*H # 位置 x の計算
045        y+=vy*H # 位置 y の計算
046        @printf("%-7.2f %-10.7f %-10.7f %-10.7f %-
    10.7f\n", t, x, y, vx, vy)
047        # 現在時刻と現在の位置
048        if rmin<RLIMIT
049            break # 電荷に非常に近づいたら終了
050        end
051    end
052 end
053
054 # main()関数の実行
055 main()
056
057 # efield.jl の終わり
```

efield.jl プログラムの冒頭 9 行目では、電荷の位置座標と電荷の値を設定しています。続く 10 行目〜12 行目では、時刻の刻み幅 H やシミュレーション打ち切り時刻 TIMELIMIT といった、シミュレーションの基本的な設定にかかわる定数を定義しています。

14 行目からの main() 関数では、質点の初速度と初期位置を設定したあと、2 次元運動の計算を行います。この計算は、プログラムの 31 行目〜51 行目の while 文で行います。この while 文は、シミュレーションが打ち切り時刻に達するか、あるいは質点が電荷に非常に近づいたら終了します。前者の条件は 31 行目で指定しており、後者は 48 行目で指定しています。

プログラム 34 行目〜43 行目の for 文では、質点と電荷との距離にもとづき、質点の受ける力や速度の計算を行っています。この結果にもとづき、44 行目と 45 行目で位置を更新し、その値を 46 行目で出力しています。

このプログラムの実行結果例を、出力 2.5 に示します。

出力 2.5　`efield.jl` プログラムの実行結果

```
C:\ >julia efield.jl
初速度 v0x を入力してください：-2
初速度 v0y を入力してください：1
初期位置 x を入力してください：2
初期位置 y を入力してください：2
0.00    2.0000000   2.0000000   -2.0000000  1.0000000
0.01    1.9799150   2.0099037   -2.0084992  0.9903688
0.02    1.9597452   2.0197100   -2.0169762  0.9806306
0.03    1.9394910   2.0294178   -2.0254294  0.9707847
（以下、出力が続く）
19.98   7.7866275   -3.8653038  -0.3792448  -1.4488391
19.99   7.7827721   -3.8798071  -0.3855454  -1.4503337
20.00   7.7788532   -3.8943253  -0.3918832  -1.4518186
C:\ >
```

時刻 t・質点の位置 (x_x, y_y)・質点の速度 (v_x, v_y) を出力

指定された終了条件を満たしたら計算終了

　出力 2.5 にあるように、`efield.jl` プログラムは質点の初速度と初期位置を入力として受け取り、それらを用いて質点の運動を計算します。計算結果として、時刻と質点の位置および質点の速度を 1 行目ずつ出力します。
`gfreefall.jl` や `glander.jl` の場合と同様に、`efield.jl` にグラフ描画機能を追加しましょう。グラフ描画機能を追加した `gefield.jl` プログラムを、リスト 2.6 に示します。

リスト 2.6　`gefield.jl` プログラム（グラフ描画機能を追加）

```
001  # gefield.jl プログラム
002  # 2 次元運動のシミュレーション
003  # 電界中の荷電粒子のシミュレーションです
004  # 使い方 c:\>julia gefield.jl
005
006  using Printf # @printf()を使用
007  using Plots  # グラフ描画
008
009  # グローバル変数
010  Q=((((0.0, 0.0), 10.0)、((5.0, -5.0), 5.0)) # 電荷の位置と
```

値
```
011   TIMELIMIT=20.0 # シミュレーション打ち切り時刻
012   RLIMIT=0.1        # 距離 r の最低値
013   H=0.01             # 時刻の刻み幅
014
015   # main()関数
016   function main()
017       t=0.0    # 時刻 t
018
019       # 係数の入力
020       print("初速度 v0x を入力してください:")
021       vx = parse(Float64, readline())
022       print("初速度 v0y を入力してください:")
023       vy = parse(Float64, readline())
024       print("初期位置 x を入力してください:")
025       x = parse(Float64, readline())
026       print("初期位置 y を入力してください:")
027       y = parse(Float64, readline())
028       @printf("%-7.2f %-10.7f %-10.7f %-10.7f %-10.7f\n",
      t, x, y, vx, vy)
029       # 現在時刻と現在の位置
030       # グラフデータに現在位置を追加
031       xlist=[x]
032       ylist=[y]
033
034       # 2次元運動の計算
035       while t<TIMELIMIT   # 打ち切り時間まで計算
036           t=t+H # 時刻の更新
037           rmin=Inf # 距離の最小値を初期化
038           for qi in Q
039               rx=qi[1][1]-x        # 距離 rx の計算
040               ry=qi[1][2]-y        # 距離 ry の計算
041               r=sqrt(rx*rx+ry*ry) # 距離 r の計算
042               if r<rmin
043                   rmin=r # 距離の最小値を更新
044               end
045               vx+=(rx/r/r/r*qi[2])*H # 速度 vx の計算
046               vy+=(ry/r/r/r*qi[2])*H # 速度 vy の計算
047           end
048           x+=vx*H # 位置 x の計算
049           y+=vy*H # 位置 y の計算
```

44

```
050            @printf("%-7.2f %-10.7f %-10.7f %-10.7f %-
      10.7f\n", t, x, y, vx, vy)
051            # 現在時刻と現在の位置
052            # グラフデータに現在位置を追加
053            push!(xlist, x)
054            push!(ylist, y)
055            if rmin<RLIMIT
056                break # 電荷に非常に近づいたら終了
057            end
058        end
059        # グラフの表示
060        p = plot(xlist, ylist) # グラフをプロット
061        for qi in Q # 電荷をプロット
062            p = scatter!(qi[1])
063        end
064        display(p)                  # 描画
065        readline(stdin)             # Enter キーを待つ
066
067    end
068
069    # main() 関数の実行
070    main()
071
072    # gefield.jl の終わり
```

gefield.jl プログラムによる 2 次元平面プロットの例を、出力 2.6 (a) に示します。ここでは、2 つの電荷を $(0, 0)$ と $(5, -5)$ に置いています。

質点は $(2, 2)$ から初速度 $(-2, 1)$ で運動を開始します。すると、はじめは 2 次元平面の左上に向けて動き出しますが（図内①）、2 つの電荷に引かれて下方に運動方向を変えていきます（②）。そして原点 $(0, 0)$ に置かれた電荷 0 の周囲を大きく回りこむように運動し（③）、やがて電荷 1 に引かれるようにして電荷 1 のごく近くをかすめます（④）。

そして、そのまま電荷 1 を通り過ぎて電荷 0 の近くまで戻ってきますが（⑤）、今度は出発点付近を逆方向に通り過ぎて、グラフの下方に向けて進みます（⑥）。最後は、t = 20 の計算打ち切り条件を満たして、シミュレーションを終了します（⑦）。

出力 2.6（a） gefield.jl プログラムで描画した xy 平面における 2 次元運動

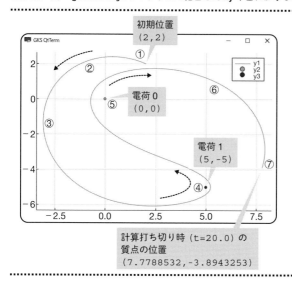

初期位置
(2,2)

電荷 0
(0,0)

電荷 1
(5,-5)

計算打ち切り時 (t=20.0) の
質点の位置
(7.7788532,-3.8943253)

　さて、出力 2.6(a) の例は電荷が 2 つ存在するなかを質点が運動するため、シミュレーションとしては面白いのですが、その運動を理解するのは容易ではありません。そこでもう少し単純な状況での質点の運動を見てみましょう。

　出力 2.6(b) は、1 つの電荷が原点 (0,0) にあり、その近くから質点が運動を始めた場合のシミュレーション例です。

出力 2.6（b） 電荷が 1 つの場合の実行結果

```
C:\ >julia gefield.jl
初速度 v0x を入力してください:-2
初速度 v0y を入力してください:-1
初期位置 x を入力してください:2
初期位置 y を入力してください:2
0.00    2.0000000    2.0000000    -2.0000000  -1.0000000
0.01    1.9799735    1.9899735    -2.0026517  -1.0026517
0.02    1.9599201    1.9799200    -2.0053368  -1.0053504
0.03    1.9398396    1.9698390    -2.0080561  -1.0080974
0.04    1.9197315    1.9597301    -2.0108101  -1.0108940
(以下、計算結果が出力される)
```

　電荷の配置設定をこのように変更するには、gefield.jl プログラムの 10

行目を次のように変更します。

```
010   Q=(((0.0,0.0), 10.0), ((5.0, -5.0), 5.0))  #電荷の位置と値
```

↓

```
010   Q=(((0.0, 0.0), 3.0), ((0, 0), 0))  #電荷の位置と値
```

　このように 2 番目の電荷の値を 0 に変更することで、電荷を 1 つだけに設定することができます。またこの例では、原点 (0,0) に設定する電荷の値も 10 から 3 に変更しています。出力 2.6(c) に、このとき出力されたプロットを示します。質点は運動開始後、原点の電荷に引かれて運動の方向を転換し、その後原点を通り過ぎて電荷から離れていったことがわかります。

出力 2.6（c）　電荷が 1 つの場合に出力されたプロット

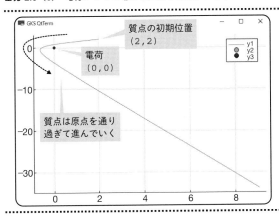

　さらにもう少し設定を変えた場合の出力を見てみましょう。出力 2.6(d) は、出力 2.6(b) とほぼ同様の設定ですが、電荷の符号が反対の場合の運動を計算しています。以下のように電荷を設定しました。

```
010   Q=(((0.0, 0.0), 10.0), ((5.0, -5.0), 5.0)) # 電荷の位置と
      値
```

↓

```
010   Q=(((0.0, 0.0), -3.0), ((0, 0), 0)) # 電荷の位置と値
```

出力 2.6（d）　電荷が 1 つ、かつ負の場合の実行結果

```
C:\ >julia efield.jl
初速度 v0x を入力してください:-2
初速度 v0y を入力してください:-1
初期位置 x を入力してください:2
初期位置 y を入力してください:2
0.00    2.0000000    2.0000000    -2.0000000   -1.0000000
0.01    1.9800265    1.9900265    -1.9973483   -0.9973483
0.02    1.9600799    1.9800800    -1.9946634   -0.9946498
0.03    1.9401604    1.9701610    -1.9919445   -0.9919032
0.04    1.9202685    1.9602699    -1.9891914   -0.9891075
0.05    1.9004045    1.9504073    -1.9864034   -0.9862615
0.06    1.8805687    1.9405737    -1.9835802   -0.9833640
(以下、計算結果が出力される)
```

　出力 2.6(e) はこのときの出力プロットです。さきほどと異なり質点は電荷
から斥力を受けて弾き飛ばされるようにグラフ平面の左上に進んでいきます。

出力 2.6（e）　電荷が 1 つ、かつ負の場合に出力されたプロット

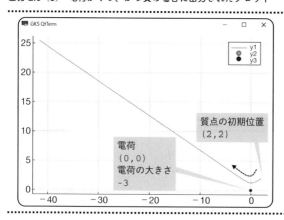

　最後に、電荷を 2 つ以上に増やした場合を見てみましょう。以下のように記述すると、電荷を 3 つ配置できます。

```
010  Q=(((0.0, 0.0), 10.0), ((5.0, -5.0), 5.0)) # 電荷の位置と
値
```

↓

```
010  Q=(((0.0, 0.0), 10.0), ((5.0, -5.0), 5.0), ((-5.0,
5.0), 5.0)) # 電荷の位置と値
```

出力 2.6（f）　電荷が 3 つの場合の実行結果

```
C:\>julia gefield.jl
初速度 v0x を入力してください:-2
初速度 v0y を入力してください:1
初期位置 x を入力してください:2
初期位置 y を入力してください:2
0.00    2.0000000   2.0000000   -2.0000000 1.0000000
0.01    1.9799071   2.0099071   -2.0092916 0.9907084
0.02    1.9597214   2.0197202   -2.0185656 0.9813116
0.03    1.9394432   2.0294383   -2.0278207 0.9718090
0.04    1.9190727   2.0390603   -2.0370554 0.9621999
0.05    1.8986100   2.0485851   -2.0462686 0.9524838
0.06    1.8780554   2.0580117   -2.0554586 0.9426599
(以下、計算結果が出力される)
```

出力 2.6（g）　電荷が 3 つの場合に出力されたプロット

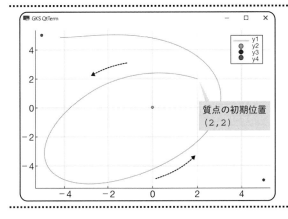

なお、Julia では、配列の添字が 1 から始まる点に注意してください。これは、C 言語の配列や Python のリストでは添字が 0 から始まる点と異なります。Julia のように配列の添字が 1 から始まる言語には、数値計算で古くから利用されている Fortran 言語があります（ただし現在の Fortran では、宣言によって 1 以外の値から配列の添字を始めることも可能です）。

たとえば、efield.jl では電荷の設定に Q という配列を利用していますが、Q の先頭要素は 0 番目ではなく 1 番目となります。図 2.3 は、これを Julia のインタプリタを使って確認した様子です。

```
julia> Q=(((0.0,0.0),10.0),((5.0,-5.0),5.0))  #電荷の位置と値 ┐ ┐
(((0.0, 0.0), 10.0), ((5.0, -5.0), 5.0))                   Q の定義

julia> Q[1] ┐ ────────→ Q[1] が Q の先頭要素
((0.0, 0.0), 10.0)

julia> Q[0] ┐ ────────→ Q[0] は存在しない（エラー）
ERROR: BoundsError: attempt to access Tuple{Tuple{Tuple
{Float64, Float64}, Float64}, Tuple{Tuple{Float64, Float64},
Float64}} at index [0]
Stacktrace:
 [1] getindex(t::Tuple, i::Int64)
   @ Base .\tuple.jl:29
 [2] top-level scope
   @ REPL[8]:1

julia> Q[2] ┐ ────────→ Q[2] が 2 番目の要素
((5.0, -5.0), 5.0)

julia>
```

図 2.3 **Julia における配列の添字の様子**

2.3 パッケージの活用

Julia には、数値計算向けのさまざまなパッケージが用意されています。本章で扱った常微分方程式についても、方程式に関する設定を与えるだけで数値計算を実行してくれるパッケージが存在します。

　リスト 2.7 は、**DifferentialEquations** というパッケージを利用して、リスト 2.1 の gfreefall.jl プログラムと同様の計算を行うプログラム godefreefall.jl です。実行にあたっては DifferentialEquations パッケージのインストールが必要です。パッケージのインストールについては、付録 A を参照してください。

リスト 2.7　godefreefall.jl プログラム
　　　　（DifferentialEquations パッケージを使って計算する）

```
001  # godefreefall.jl プログラム
002  # 自由落下のシミュレーション
003  # 自由落下の運動法方程式を数値的に解きます
004  # DifferentialEquations パッケージを利用します
005  # Plots によるグラフ描画機能付き
006  # 使い方 c:\>julia godefreefall.jl
007
008  using DifferentialEquations # 微分方程式を解く
009  using Plots  # グラフ描画
010
011  # グローバル変数
012  G=9.80665 # 重力加速度
013
014  # 下請け関数の定義
015  # f()関数
016  function f(du , u , p , t)
017  """微分方程式の記述"""
018      du[1] = -G
019      du[2] = u[1]
020  end
021  # f()関数の終わり
022
023  # main()関数
024  function main()
025      u0=[0.0 ; 100.0] # 初期値の設定
026      tspan=(0.0 , 5.0)# 時刻の範囲(5 秒後まで)
027      prob=ODEProblem(f , u0 , tspan) # 問題の定義
028      sol=solve(prob) # 微分方程式を解く
029      p=plot(sol) # グラフをプロット
030      display(p)  # 描画
031      readline()  # Enter キーを待つ
```

```
032    end
033
034    # main()関数の実行
035    main()
036
037    # godefreefall.jl の終わり
```

　このプログラムは、冒頭で必要事項を設定したら、以下に示す 28 行目の
たった 1 行だけで微分方程式の計算を実行します。

```
028       sol=solve(prob)  # 微分方程式を解く
```

出力 2.7 godefreefall.jl プログラムによるプロット

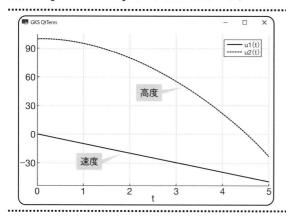

章末問題 2

（1）オイラー法は、常微分方程式の解法としては、ほぼ教育用にしか用いら
　　れない素朴な方法です。付録 B を参考にして、4 次のルンゲクッタ法によ
　　る常微分方程式の数値計算プログラムを作成してください。

(2) 実際の落下運動では、落下物は空気抵抗を受けます。空気抵抗は、速度に比例する力であることがわかっています。そこで、空気抵抗を考慮した落下運動の運動方程式を作成し、これを数値的に解くことで、より現実的な落下シミュレーションを行ってみてください。

ヒント

落下物に加わる力は、重力による力 mg と、空気抵抗による力 $-kv_f$ です。ただし、v_f は落下速度であり、k は空気抵抗の比例定数です。すると運動方程式は、

$$m\frac{dv_f}{dt} = mg - kv_f$$

となります。これを解析的に解くこともできますが、ここでは適当な初期値から数値計算で落下運動の様子を計算しましょう。

(3) 2.2 節で扱った 2 次元平面内の運動シミュレーションは、電荷をもった粒子の運動を単純化したものです。ただし簡単のため、運動する質点の電荷は常に -1 とし、電荷に働く力の係数 k は 1 としてしまいました。実際には、電荷に働く力であるクーロン力 F は次の式に従います。

$$F = \frac{1}{4\pi\varepsilon_0}\frac{q_1 q_2}{r^2}\frac{r}{r}$$

ただし、q_1 と q_2 は各電荷の大きさ（C）、ε_0 は真空の誘電率で $\varepsilon_0 = 8.854\cdot10^{-12}$ です。この式を用いて、より現実世界に即したシミュレーションを行ってください。

(4) efield.jl プログラムでは、運動する質点が固定された電荷にある程度近づくと、シミュレーションを終了します。この条件を取り払ってシミュレーションを続行すると、どうなるでしょうか。

（5）efield.jl プログラムを発展させて、図 2.4 のようなシミュレーション
ゲーム「ハイパー☆カーリング」を作成してください。

シミュレーションゲーム「ハイパー☆カーリング」

・「ハイパー☆カーリング」は、2 次元平面内を運動する電荷をもった
ボール（ストーン）を、ある場所に設置されたゴールに送るゲームで
す。

・2 次元平面内には複数の電荷が固定されています。

・ストーンは、あるスタート地点から、プレーヤーの指定した初期速度
で運動を開始します。

・いったんストーンが運動し始めると、途中でストーンを操作すること
はできません。

・ストーンがゴールの一定距離以内を通過したら、ストーンがゴールに
到達したとします。

・プレーヤーは何度でも運動を繰り返せます。

・得点は、ストーンの運動継続時間の長さが長いほど高く、ゴール中央
に近い点を通るほうが高くなります。ただし、ストーンがゴールに到
達しなければ得点になりません。

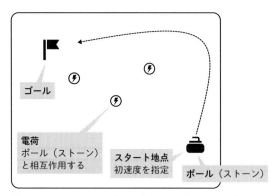

図 2.4　ミュレーションゲーム「ハイパー☆カーリング」

第3章 偏微分方程式にもとづく物理シミュレーション

本章では、二階線形偏微分方程式によって表現された物理現象をシミュレートする計算プログラムを示します。具体的な対象として、ラプラスの方程式の境界値問題の解法について扱います。

3.1 偏微分方程式の境界値問題

偏微分方程式（**partial differential equation**）とは、偏微分によって未知の関数を記述した微分方程式のことです。偏微分方程式は、物理現象を記述する手段として力学や電磁気学の基本法則を表現するために用いられるだけでなく、自然科学から社会科学に至るさまざまな分野で広く用いられています。

偏微分方程式にはさまざまな形式のものがありますが、ここでは、二階の偏微分を含む二階偏微分方程式を扱うことにします。また、後述するシミュレーションを 2 次元平面で行うために、2 変数の偏微分方程式を考えます。二階編微分方程式はその挙動がよく研究されており、名前のついた有名な偏微分方程式がたくさんあります。ここでは、ラプラスの方程式、ポアソンの方程式、拡散方程式などを紹介します。

① ラプラスの方程式

典型的な 2 変数二階偏微分方程式として、次の方程式を最初に考えます。

$$\frac{\partial^2 u(x, y)}{\partial x^2} + \frac{\partial^2 u(x, y)}{\partial y^2} = 0 \tag{1}$$

方程式(1)は、**ラプラスの方程式**（**Laplace's equation**）として知られています。式(1)は、次のように書くこともよくあります。

$$\Delta u(x, y) = 0 \tag{2}$$

ただし、$\Delta \equiv \dfrac{\partial^2}{\partial x^2} + \dfrac{\partial^2}{\partial y^2}$　　　　　　　　　　　　　　　　　　(3)

式(3)で、記号 Δ は**ラプラシアン**（**Laplacian**）と呼ばれる演算子です。

さて、ラプラスの方程式(1)は、物理的にはなにを表しているのでしょうか。方程式(1)をそのとおりに解釈すると、「未知の関数 $u(x, y)$ は、変数 x と y の二階の偏微分の和が 0 となるように決定される」という意味になります。

このことを直感的に理解するために、まず、1 変数の関数 $f(x)$ を考えます。1 変数の関数では、偏微分は普通の微分と同じです。二階の（偏）微分 f'' が 0 となるのは、一階微分の値が変化しない場合です。この場合、もとの関数のグラフは直線になります。二階微分の値が 0 でなければ、その符号に応じてグラフは上に凸であったり、下に凸になったりします（図 3.1）。

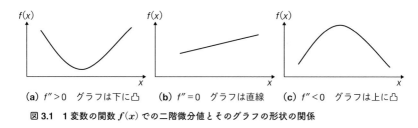

(**a**) $f'' > 0$　グラフは下に凸　　(**b**) $f'' = 0$　グラフは直線　　(**c**) $f'' < 0$　グラフは上に凸

図 3.1　1 変数の関数 $f(x)$ での二階微分値とそのグラフの形状の関係

2 変数関数 $u(x, y)$ の二階偏微分も、同様に考えることができます。ラプラスの方程式において「二階偏微分の値の和が 0 である」とは、$u(x, y)$ で表される平面に凹凸がなく、なだらかに平面がつながっていることを意味します（図 3.2）。

直感的には、ラプラスの方程式で得られる関数 $u(x, y)$ の平面の形状は、枠に合わせてゴムの膜を張ったような形状となります。この膜には表面に膨らみやへこみはなく、x 軸方向に沿って凸となる部分では、y 軸方向に沿って凹となっています。

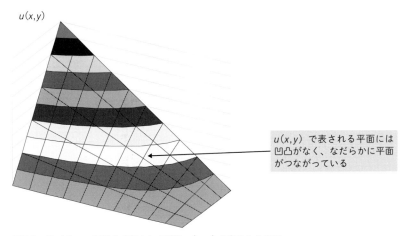

$u(x, y)$

u(x,y) で表される平面には
凹凸がなく、なだらかに平面
がつながっている

図 3.2　ラプラスの方程式で表される関数 $u(x, y)$ で表される平面

なお、二階偏微分の値の和が 0 でなければ、$u(x, y)$ で表される平面には凹凸が存在することを意味します。この場合の二階編微分方程式は、ラプラスの方程式を一般化した、次の方程式（4）と（5）になります。この方程式を、**ポアソンの方程式**（**Poisson's equation**）と呼びます。ポアソンの方程式で $f(x, y) \equiv 0$ とすれば、ラプラスの方程式となります。

$$\frac{\partial^2 u(x, y)}{\partial x^2} + \frac{\partial^2 u(x, y)}{\partial y^2} = f(x, y) \tag{4}$$

または、$\Delta u(x, y) = f(x, y)$ $\tag{5}$

ラプラスの方程式やポアソンの方程式は、さまざまな物理現象を表すのに用いられます。たとえばラプラスの方程式は、さきほど説明したように、たるみのない膜の形状や、内部に電荷のない電界のポテンシャルを表現することができます。

また、第 2 章で扱ったような内部に電荷のある電界は、ポアソンの方程式で表現することが可能です。

② ラプラスの方程式の境界値問題

　次に、偏微分方程式の数値解法について考えます。対象として、ラプラスの方程式を考えます。

　「ラプラスの方程式を解く」とは、方程式(1)を満足するような未知の関数 $u(x, y)$ を求める作業です。しかし方程式(1)は、関数 $u(x, y)$ の性質を与えているに過ぎず、このままでは解きようがありません。具体的に解となる関数を決定するには、方程式(1)以外に、さらに追加の条件が必要となります。

　図3.2に示したように、ラプラスの方程式を満足する未知の関数 $u(x, y)$ は、平面の四隅を凹凸なくなだらかにつなぎます。そこで、関数 $u(x, y)$ が表す平面の四隅の値を決めてやれば、その間の関数の値を決定することができます。

　このように、関数の表す平面の端の値を決めてやり、その内部をラプラスの方程式を満足するように計算することを、「**境界値問題（boundary value problem）を解く**」といいます。この場合の境界値とは、関数の表す平面の端の値を意味します。

　以下に示すのは、数値計算の対象とするラプラスの方程式と、解の領域 D です。この条件のもと、ラプラスの方程式の境界値問題を解く作業の流れを説明します。

ラプラスの方程式 : $\dfrac{\partial^2 u(x, y)}{\partial x^2} + \dfrac{\partial^2 u(x, y)}{\partial y^2} = 0$

解 の 領 域　$D : 0 \leq x \leq 1,\quad 0 \leq y \leq 1$

手順1：最初に、ラプラスの方程式と未知の関数 $u(x, y)$ の定義される領域 D を決定します。領域 D は、どのような問題を解きたいのかによって決定されます。ここでは、領域 D は原点と $(1, 1)$ を頂点とする正方形として定義しています。

手順2：次に、境界条件を与えて領域の境界値を決定します（図3.2）。ここに示す境界条件では、領域 D の周囲に沿って、関数 $u(x, y)$ の値が直線的に変化するように設定しています。原点 $(0, 0)$ と $(1, 1)$ では $u(0, 0) = u(1, 1) = 1$ とし、残り2つの頂点では $u(0, 1) = u(1, 0) = 0$ としています。

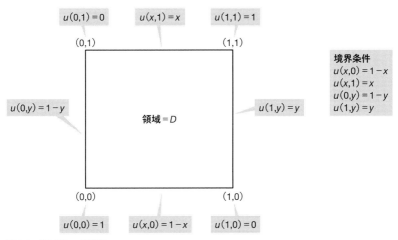

図 3.3　領域 D の境界値

手順 3：最後に、境界条件を満たすように領域 D の内部の値を決定します。
　　　なんらかの方法で値を決定すると領域 D の内部の値が求まり、図 3.4
　　　に示すようなグラフを描画することができます。

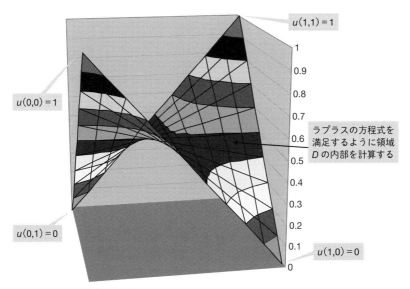

図 3.4　偏微分方程式の境界値問題

③ 境界値問題の数値解法

次の問題は、図 3.4 で行う必要のある、領域 D 内部の値の数値計算方法を見つけることです。数値計算を行うためには、第 2 章で常微分方程式を扱った場合と同様に、問題を離散化しなければなりません。

ここでは、計算対象である領域 D 内部を格子状に離散化し、ラプラスの方程式を差分方程式になおして、各格子点の値を数値計算することにします。

まず、領域 D 内部の格子状に離散化することを考えます。簡単のため、x 方向と y 方向に同じ幅 h で格子を設定すると、領域 D は図 3.5 のように考えることができます。

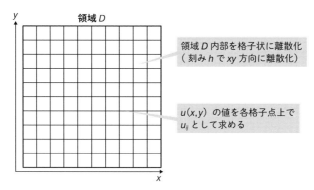

図 3.5　領域 D を格子状に離散化する

図 3.5 で、ラプラスの方程式を満足するように格子点 u_{ij} の値を決めることを考えてみましょう。この場合、隣接する上下左右の格子点の値に対して、u_{ij} の値が隣接点の値から離れることなく、なめらかでなければなりません。このためには、u_{ij} の値が隣接 4 点の平均値である必要があります（図 3.6）。

$$u_{ij} = \frac{u_{i,j-1} + u_{i-1,j} + u_{i+1,j} + u_{i,j+1}}{4} \tag{6}$$

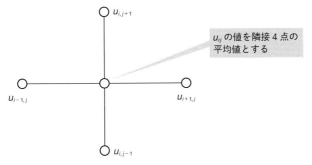

図 3.6　u_{ij} の値を隣接 4 点の平均値とする

　この説明はごく直感的ですが、偏微分を差分として考えれば同様の結論を得ることができます。詳しくは付録 C を参照してください。

　図 3.6 のように考えると、境界値問題とは、「すべての格子点について、隣接する格子点との関係を式(6)を満たすように決定する問題」となります。たとえば図 3.7 のような問題では、領域 D 内部の u_{11}〜u_{33} について、関係式を作成することができます。図 3.7(a)に u_{11} の場合を示します。

　図 3.7(a)で、u_{11} の値は、上下左右の 4 点の値の平均として、

$$u_{11} = \frac{(0 + 0 + u_{21} + u_{12})}{4}$$

と表すことができます。同様にして、領域 D 内部の u_{11}〜u_{33} について式を作成すると、図 3.7(b)のようになります。図 3.7(b)の式を満たす値の組 u_{11}〜u_{33} を計算することが、境界値問題を解く計算にあたります。

$$\frac{\partial^2 u(x, y)}{\partial x^2} + \frac{\partial^2 u(x, y)}{\partial y^2} = 0$$

解の領域 $D : 0 \leq x \leq 1, \quad 0 \leq y \leq 1$

境 界 条 件 : $u(x, 0) = 0$
$\qquad\qquad u(x, 1) = x$
$\qquad\qquad u(0, y) = 0$
$\qquad\qquad u(1, y) = y$

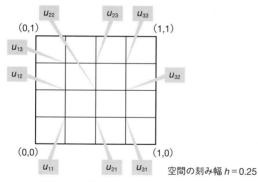

空間の刻み幅 $h = 0.25$

(a) 非常に粗い離散化

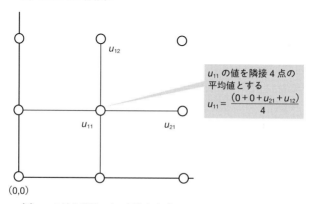

u_{11} の値を隣接 4 点の
平均値とする

$$u_{11} = \frac{(0 + 0 + u_{21} + u_{12})}{4}$$

(b) u_{11} の値を隣接 4 点の平均から求める

図 3.7　境界値問題の例

以下は、図 3.7（b）と同様の手順で u_{11}〜u_{33} の値を求める式です。

$$u_{11} = \frac{(0 + 0 + u_{21} + u_{12})}{4}$$

$$u_{21} = \frac{(0 + u_{11} + u_{31} + u_{22})}{4}$$

$$u_{31} = \frac{(0 + u_{21} + 0.25 + u_{32})}{4}$$

$$u_{12} = \frac{(u_{11} + 0 + u_{22} + u_{13})}{4}$$

$$u_{22} = \frac{(u_{21} + u_{12} + u_{32} + u_{23})}{4}$$

$$u_{32} = \frac{(u_{31} + u_{22} + 0.5 + u_{33})}{4}$$

$$u_{13} = \frac{(u_{12} + 0 + u_{23} + 0.25)}{4}$$

$$u_{23} = \frac{(u_{22} + u_{13} + u_{33} + 0.5)}{4}$$

$$u_{11} = \frac{(u_{32} + u_{23} + 0.75 + 0.75)}{4} \tag{7}$$

④ ガウスの消去法による境界値問題の計算

式(7)のような連立方程式を数値計算で解くには、さまざまな方法が考えられます。たとえば、**ガウスの消去法（Gaussian elimination）**を用いることが考えられます。

ガウスの消去法は、連立方程式の係数を操作することで項を順次消去し、最終的に解を求めるアルゴリズムです。いま、連立方程式を次のように表現します。

$$A x = b \tag{8}$$

ただし、A は**係数行列（coefficient matrix）**であり、x と b はそれぞれ、未知変数と、方程式右辺を表すベクトルです。

$$A = \begin{pmatrix} a_{11} & a_{12} & \cdots & a_{1n} \\ a_{21} & a_{22} & \cdots & a_{2n} \\ \vdots & & \ddots & \\ a_{n1} & a_{n2} & \cdots & a_{nn} \end{pmatrix}$$

$$x = \begin{pmatrix} x_1 \\ x_2 \\ \vdots \\ x_n \end{pmatrix} \qquad b = \begin{pmatrix} b_1 \\ b_2 \\ \vdots \\ b_n \end{pmatrix}$$

いま、アルゴリズムの説明を簡略化するため、A と b を並べた行列を作成します。これを**拡大係数行列**（**enlarged coefficient matrix**）と呼びます。

$$
\begin{pmatrix}
a_{11} & a_{12} & \cdots & a_{1n} & b_1 \\
a_{21} & a_{22} & \cdots & a_{2n} & b_2 \\
\vdots & & \ddots & & \vdots \\
a_{n1} & a_{n2} & \cdots & a_{nn} & b_n
\end{pmatrix}
\tag{9}
$$

ガウスの消去法は、拡大係数行列に対して、**前進消去**（**forward elimination**）と**後退代入**（**backward substitution**）という 2 段階の操作を行います。まず前進消去では、拡大係数行列の 1 行目を a_{11} で割ることで、a_{11} を 1 にします。割った結果は、以下では係数に 1 回操作を加えたという意味で、(1) という記号を付けて表現しています。たとえば式(10)は、$a_{12}{}^{(1)} = a_{12}/a_{11}$ を表します。

$$
\begin{pmatrix}
1 & a_{12}{}^{(1)} & \cdots & a_{1n}{}^{(1)} & b_1{}^{(1)} \\
a_{21} & a_{22} & \cdots & a_{2n} & b_2 \\
\vdots & & \ddots & & \vdots \\
a_{n1} & a_{n2} & \cdots & a_{nn} & b_n
\end{pmatrix}
\tag{10}
$$

次に、1 行目に a_{21} をかけて 2 行目から引くことで、a_{21} を消去します。

$$
\begin{pmatrix}
1 & a_{12}{}^{(1)} & \cdots & a_{1n}{}^{(1)} & b_1{}^{(1)} \\
0 & a_{22}{}^{(1)} & \cdots & a_{2n}{}^{(1)} & b_2{}^{(1)} \\
\vdots & & \ddots & & \vdots \\
a_{n1} & a_{n2} & \cdots & a_{nn} & b_n
\end{pmatrix}
\tag{11}
$$

同様にして、a_{31} から a_{n1} までの係数を消去します。

$$
\begin{pmatrix}
1 & a_{12}{}^{(1)} & \cdots & a_{1n}{}^{(1)} & b_1{}^{(1)} \\
0 & a_{22}{}^{(1)} & \cdots & a_{2n}{}^{(1)} & b_2{}^{(1)} \\
\vdots & & \ddots & & \vdots \\
0 & a_{n2}{}^{(1)} & \cdots & a_{nn}{}^{(1)} & b_n{}^{(1)}
\end{pmatrix}
\tag{12}
$$

次に、2 行目の各係数を $a_{22}{}^{(1)}$ で割ることで、$a_{22}{}^{(1)}$ を 1 にします。

$$\begin{pmatrix} 1 & a_{12}^{(1)} & \cdots & a_{1n}^{(1)} & b_1^{(1)} \\ 0 & 1 & \cdots & a_{2n}^{(2)} & b_2^{(2)} \\ \vdots & & \ddots & & \vdots \\ 0 & a_{n2}^{(1)} & b_n^{(1)} & \cdots & a_{nn}^{(1)} \end{pmatrix} \tag{13}$$

2 行目を使って $a_{32}^{(1)}$ から $a_{n2}^{(1)}$ までを消去します。

$$\begin{pmatrix} 1 & a_{12}^{(1)} & \cdots & a_{1n}^{(1)} & b_1^{(1)} \\ 0 & 1 & \cdots & a_{2n}^{(2)} & b_2^{(2)} \\ \vdots & & \ddots & & \vdots \\ 0 & 0 & \cdots & a_{nn}^{(2)} & b_n^{(2)} \end{pmatrix} \tag{14}$$

以下、これを繰り返すことで、式(15)を得ます。

$$\begin{pmatrix} 1 & a_{12}^{(1)} & \cdots & a_{1n}^{(1)} & b_1^{(1)} \\ 0 & 1 & \cdots & a_{2n}^{(2)} & b_2^{(2)} \\ \vdots & & \ddots & & \vdots \\ 0 & 0 & \cdots & 1 & b_n^{(n)} \end{pmatrix} \tag{15}$$

式(15)により、x_n が求まりました。これで前進消去の作業は終了です。

$$x_n = b_n^{(n)} \tag{16}$$

あとは、式(16)の値を式(15)の下から 2 番目の行に代入することで、x_{n-1} が求まります。以下、同様に $x_{n-2}, x_{n-3}, ..., x_1$ を求めることができます。この作業を、**後退代入**と呼びます。

以上の方法で連立方程式を解くプログラム gauss.jl を、リスト 3.1 に示します。また、gauss.jl プログラムを使って式(7)を解いた結果を、出力3.1 に示します。

リスト 3.1　gauss.jl プログラム（連立方程式を解く）

```
001  # gauss.jl プログラム
002  # ガウスの消去法
003  # ガウスの消去法で連立方程式を解きます
004  # 使い方 c:\>julia gauss.jl
005
006  # グローバル変数
007  N=9 # N 元連立方程式を解く
```

```
008  r=[4 -1 0 -1 0 0 0 0 0 ; -1 4 -1 0 -1 0 0 0 0 0
009    0 -1 4 0 0 -1 0 0 0 0.25 ; -1 0 0 4 -1 0 -1 0 0 0
010    0 -1 0 -1 4 -1 0 -1 0 0 ; 0 0 -1 0 -1 4 0 0 -1 0.5
011    0 0 0 -1 0 0 4 -1 0 0.25 ; 0 0 0 0 -1 0 -1 4 -1 0.5
012    0 0 0 0 0 -1 0 -1 4 1.5]  # 拡大係数行列
013
014  # 下請け関数の定義
015  # forward()関数
016  function forward(r)
017  """      前進消去    """
018      for i = 1 : N
019          rii=r[i , i]
020          for j = i : N+1
021              r[i , j]/=rii # 行iの係数をriiで割る
022          end
023          for k = i+1 : N #i+1行以下の処理
024              rki=r[k , i]
025              for j = i : N+1
026                  r[k , j]-=r[i , j] * rki # 先頭項の消去
027              end
028          end
029      end
030  end
031  # forward()関数の終わり
032
033  # backward()関数
034  function backward(r,x)
035      """
036      後退代入
037      """
038      for i = N : -1 : 1# 下段から上段に向けて逐次代入
039          sum=0.0
040          for j = i : N
041              sum += r[i , j]*x[j] # 各項の和
042          end
043          x[i] = r[i , N + 1] - sum # xiの計算
044      end
045  end
046  # backward()関数の終わり
047
048  # main()関数
```

```
49   function main()
050      x=zeros(Float64, N) # 未知変数
051      forward(r)     # 前進消去
052      backward(r,x) # 後退代入
053      # 結果の出力
054      println(r)
055      println(x)
056   end
057   # main() 関数の実行
058   main()
059
060   # gauss.jl の終わり
```

出力 3.1　gauss.jl プログラムの実行結果

拡大係数行列の計算結果

```
C:¥ >julia gauss.jl

[1.0  -0.25  0.0  -0.25  0.0  0.0  0.0  0.0  0.0  0.0; 0.0  1.0  -
0.26666666666666666  -0.06666666666666667  -0.26666666666666666 0.0
0.0  0.0  0.0  0.0; 0.0  0.0  1.0  -0.017857142857142856  -
0.07142857142857142    -0.26785714285714285    0.0    0.0    0.0
0.06696428571428571; 0.0  0.0  0.0  1.0  -0.28708133971291866    -
0.004784688995215311    -0.2679425837320574    0.0    0.0
0.0011961722488038277; 0.0 0.0 0.0 0.0 1.0  -0.31601123595505615  -
0.08426966292134831 -0.29353932584269665 0.0 0.0056179775280898875;
0.0 0.0 0.0 0.0 1.0 -0.028157349896480333  -0.09316770186335405
-0.294824016563147 0.16894409937888202; 0.0 0.0 0.0 0.0 0.0 1.0
-0.2950379973178364 -0.007599463567277602 0.07258605274921769;  0.0
0.0 0.0 0.0 0.0 0.0 1.0 -0.32835820895522394 0.1902985074626866;
```

```
[0.0625,    0.125,    0.1875,    0.125,    0.25000000000000006,
0.37500000000000006, 0.1875, 0.37500000000000006, 0.5625]

C:¥ >
```

求められた計算結果（u_{11}〜u_{33}）

　なお、ここではガウスの消去法のアルゴリズムの紹介とその実装方法を示すため、ガウスの消去法のアルゴリズムをそのまま利用して、連立方程式の解法プログラムを作成しました。しかし実は Julia には、行列演算の機能があらかじめ用意されています。この機能を用いれば、非常に簡単に連立方程式を解く

ことが可能です。このことは、3.3 節で改めて取り上げます。

⑤ 逐次近似による境界値問題の計算

　ガウスの消去法は、手作業で連立方程式を解く作業を、コンピュータのアルゴリズムとして書き下した数値解法です。これに対して、近似を繰り返すことで連立方程式を解く方法があります。これを連立方程式の**反復法による逐次近似解法**と呼びます。

　一般の連立方程式を反復法で解く手法として、**ガウスザイデル法（Gauss-Seidel method）**や**ヤコビ法（Jacobi method）**が知られています。ここではラプラスの方程式を離散化した連立方程式を、ヤコビ法にもとづく反復法による逐次近似を用いて解くことを考えます。

　前掲図 3.6 の u_{ij} を行列として表すと、次の式(17)のようになります。

$$\begin{pmatrix} 0 & 0.25 & 0.5 & 0.75 & 1 \\ 0 & u_{13} & u_{23} & u_{33} & 0.75 \\ 0 & u_{12} & u_{22} & u_{32} & 0.5 \\ 0 & u_{11} & u_{21} & u_{31} & 0.25 \\ 0 & 0 & 0 & 0 & 0 \end{pmatrix} \tag{17}$$

　式(17)で u_{11}〜u_{33} は未知ですが、適当な値を仮の近似値として設定してみましょう。たとえば、すべての値を 0 と仮定します。

$$\begin{pmatrix} 0 & 0.25 & 0.5 & 0.75 & 1 \\ 0 & 0 & 0 & 0 & 0.75 \\ 0 & 0 & 0 & 0 & 0.5 \\ 0 & 0 & 0 & 0 & 0.25 \\ 0 & 0 & 0 & 0 & 0 \end{pmatrix} \tag{18}$$

　式(18)は適当な値を設定しただけですから、当然ながら、このままではラプラスの方程式を満足することはできません。そこで第 1 次近似として、適当な順序で式(6)を u_{11}〜u_{33} に適用することで、近似値を改善することを試みます（図 3.8）。ここでは、式(18)の値をもとに、u_{11}〜u_{33} の値を式(6)により計算し直しています。

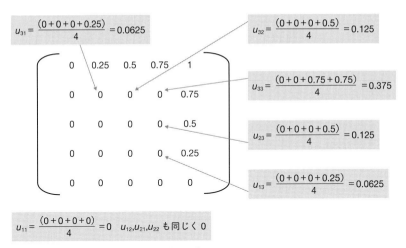

$$u_{31} = \frac{(0+0+0+0.25)}{4} = 0.0625$$

$$u_{32} = \frac{(0+0+0+0.5)}{4} = 0.125$$

$$u_{33} = \frac{(0+0+0.75+0.75)}{4} = 0.375$$

$$u_{23} = \frac{(0+0+0+0.5)}{4} = 0.125$$

$$u_{13} = \frac{(0+0+0+0.25)}{4} = 0.0625$$

$$u_{11} = \frac{(0+0+0+0)}{4} = 0 \quad u_{12}, u_{21}, u_{22} \text{ も同じく } 0$$

図 3.8　u_{11}〜u_{33} に式（6）適用して近似値を改善する

図 3.8 の計算結果は、式（19）のようになります。

$$\begin{pmatrix} 0 & 0.25 & 0.5 & 0.75 & 1 \\ 0 & 0.0625 & 0.125 & 0.375 & 0.75 \\ 0 & 0 & 0 & 0.125 & 0.5 \\ 0 & 0 & 0 & 0.0625 & 0.25 \\ 0 & 0 & 0 & 0 & 0 \end{pmatrix} \tag{19}$$

さきほどと同様に、式（19）に式（6）を適用します。すると、式（20）の結果を得ます。

$$\begin{pmatrix} 0 & 0.25 & 0.5 & 0.75 & 1 \\ 0 & 0.09375 & 0.234375 & 0.4375 & 0.75 \\ 0 & 0.015625 & 0.0625 & 0.234375 & 0.5 \\ 0 & 0 & 0.015625 & 0.09375 & 0.25 \\ 0 & 0 & 0 & 0 & 0 \end{pmatrix} \tag{20}$$

以下同様に繰り返すことで、逐次的に近似値を改善します。この例では、40 回程度の反復で式（21）を得ることができます。この結果は、出力 3.1 に示したガウスの消去法による結果と一致します。

$$\begin{pmatrix} 0 & 0.25 & 0.5 & 0.75 & 1 \\ 0 & 0.1875 & 0.375 & 0.5625 & 0.75 \\ 0 & 0.125 & 0.25 & 0.375 & 0.5 \\ 0 & 0.0625 & 0.125 & 0.1875 & 0.25 \\ 0 & 0 & 0 & 0 & 0 \end{pmatrix} \tag{21}$$

3.2 節では、以上のアルゴリズムにもとづいて、具体的なプログラムの作成方法を示します。

⑥ その他の二階偏微分方程式

ここまでの説明では、二階偏微分方程式の代表例として、ラプラスの方程式やポアソンの方程式を扱いました。これらの方程式は、**楕円型偏微分方程式（elliptic partial differential equation）** と呼ばれています。

定数係数の2変数二階偏微分方程式には、これ以外にも、**波動方程式（wave equation、双曲型偏微分方程式（hyperbolic partial differential equation）とも言う）** や**拡散方程式（diffusion equation、放物型偏微分方程式（parabolic partial differential equation）とも言う）** などがあります。表 3.1 に、典型的な二階偏微分方程式の例を示します。

表 3.1　典型的な二階偏微分方程の例

型	名称	方程式	説明
楕円型	ラプラスの方程式	$\dfrac{\partial^2 u(x,y)}{\partial x^2} + \dfrac{\partial^2 u(x,y)}{\partial y^2} = 0$ または $\Delta u(x,y) = 0$	ポアソンの方程式の特殊型
	ポアソンの方程式	$\dfrac{\partial^2 u(x,y)}{\partial x^2} + \dfrac{\partial^2 u(x,y)}{\partial y^2} = f(x,y)$	力学や電磁気学など、さまざまな分野において場を記述する
双曲型	波動方程式	$\dfrac{\partial^2 u(x,t)}{\partial t^2} = c\dfrac{\partial^2 u(x,t)}{\partial x^2}$ （cは正の定数）	弦の振動など、時間に依存する波を表現する

放物型	拡散方程式	$\dfrac{\partial u(x,t)}{\partial t} = c\dfrac{\partial^2 u(x,t)}{\partial x^2}$ （c は正の定数）	熱伝導や物質の拡散を表現する

3.2　ラプラスの方程式による場のシミュレーション

① ラプラスの方程式の反復解法プログラム

　ここからは、ラプラスの方程式の境界値問題について、反復法にもとづく解法プログラムを示します。例題として、領域 D が長方形の場合と、領域がより複雑な形状の場合を扱います。

　すでに 3.1 節で示したように、領域 D 上でラプラスの方程式を解くには、$u(x, y)$ を離散化した行列 u_{ij} について領域 D 内部の各点がラプラスの方程式を満足するように繰り返し近似計算を行います。処理の流れを次に示します。

手順 1：u_{ij} の初期値を設定します。領域の境界においては、境界条件にもとづく値を設定します。領域内部は、適当な初期値を設定します。

手順 2：u_{ij} の周囲 4 点の値の平均値を計算し、求めた平均値を新しい u_{ij} の値である $u_{ij}{}^{next}$ とします。これを領域 D の内部全体について計算します。

手順 3：$u_{ij}{}^{next}$ を u_{ij} にコピーします。

手順 4：手順 2 と手順 3 を適当な終了条件まで繰り返します。

手順 5：計算結果を出力します。

　この手順を、Julia 言語のプログラムとして実装します。プログラムでは、あらかじめ領域 D を囲む長方形領域の格子点数を決めておきます。また、u_{ij} の初期値は標準入力から読み込むことにします。

　以上の方針で作成したラプラス方程式の解法プログラム、laplace.jl をリスト 3.2 に示します。

リスト 3.2　laplace.jl プログラム（ラプラス方程式を解く）

```
001  # laplace.jl プログラム
002  # ラプラス方程式の解法プログラム
003  # 反復法によりラプラス方程式を解きます
004  # 使い方 c:\>julia laplace.jl
```

```
005
006    # グローバル変数
007    LIMIT=1000 # 反復回数の上限
008    N=101 #x 軸方向の分割数
009    M=101 #y 軸方向の分割数
010
011    # 下請け関数の定義
012    # iteration() 関数
013    function iteration(u)
014    """ 1 回分の反復計算    """
015        u_next= zeros(Float64, N , M) # 次ステップの uij
016        # 次のステップの値を計算
017        for i = 2 : N-1
018            for j = 2 : M-1
019                u_next[i,j]=(u[i,j-1]+u[i-1,j]+u[i+1,j]+u
    [i,j+1])/4
020            end
021        end
022        # u の更新
023        for i = 2 :N-1
024            for j =2 : M-1
025                u[i,j]=u_next[i,j]
026            end
027        end
028    end
029    # iteration() 関数の終わり
030
031    # main() 関数
032    function main()
033        u= zeros(Float64, N , M) # uij の初期化
034        for i = 1 : M
035            u[1 , i]=sin(2*π*i/(M))
036        end
037        # 反復法の計算
038        for i = 1 : LIMIT
039            iteration(u)
040        end
041        println(u)# 結果の出力
042    end
043
044    # main() 関数の実行
```

```
045   main()
046
047   # laplace.jl の終わり
```

　laplace.jl プログラムは数値を出力するだけなので、このままでは結果を把握することは困難です。実行結果を理解するためには、グラフ化する必要があります。

　計算結果としてグラフを出力する glaplace.jl プログラムを、リスト 3.3 に示します。glaplace.jl プログラムでは Plots パッケージを利用するため、付録 A を参照してインストールしてください。

リスト 3.3　glaplace.jl プログラム（グラフ出力機能追加）

```
001   # glaplace.jl プログラム
002   # ラプラス方程式の解法プログラム
003   # 反復法によりラプラス方程式を解きます
004   # 結果をグラフ表示します
005   # 使い方 c:\>julia glaplace.jl
006
007   using Plots  # グラフ描画
008
009   # グローバル変数
010   LIMIT=1000 # 反復回数の上限
011   N=101 # x軸方向の分割数
012   M=101 # y軸方向の分割数
013
014   # 下請け関数の定義
015   # iteration()関数
016   function iteration(u)
017   """  1回分の反復計算   """
018       u_next= zeros(Float64, N , M) # 次ステップの uij
019       #次のステップの値を計算
020       for i = 2 : N-1
021           for j = 2 : M-1
022               u_next[i,j]=(u[i,j-1]+u[i-1,j]+u[i+1,j]+u
   [i,j+1])/4
023           end
024       end
025       # uの更新
```

```
026     for i = 2 :N-1
027         for j =2 : M-1
028             u[i,j]=u_next[i,j]
029         end
030     end
031 end
032 # iteration()関数の終わり
033
034 # main()関数
035 function main()
036     u= zeros(Float64, N , M) # uij の初期化
037     for i = 1 : M
038         u[1 , i]=sin(2*π*i/(M))
039     end
040     #反復法の計算
041     for i = 1 : LIMIT
042         iteration(u)
043     end
044     println(u)#結果の出力
045     # グラフ描画
046 #   p = plot(u,seriestype=:wireframe)# wireframe 形式
047     p = plot(u,seriestype=:surface)# surface 形式
048     display(p)              #描画
049     readline(stdin)         # Enter キーを待つ
050 end
051
052 # main()関数の実行
053 main()
054
055 #glaplace.jl の終わり
```

　glaplace.jl プログラムの実行例を、出力 3.3 に示します。出力 3.3 は、境界の 3 辺を 0 とし残りの 1 辺を三角関数を使って波打たせた境界条件をもとに、glaplace.jl プログラムで内部の様子を計算した結果です。

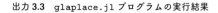

出力 **3.3**　`glaplace.jl` プログラムの実行結果

（**a**）surface 形式

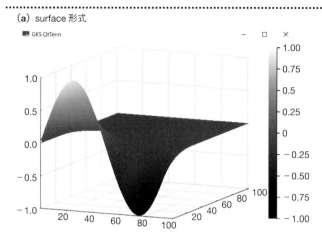

（**b**）wireframe 形式

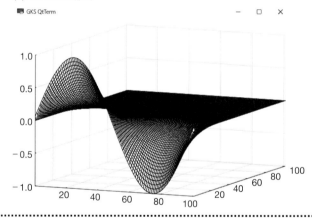

　出力 3.3 では、（a)の surface 形式と(b)の wireframe 形式という 2 通りの表現形式でグラフを描画しています。どちらを出力するかは、リスト 3.3 の 46 行目と 47 行目のどちらを利用するかによって選択することができます。

　リスト 3.3 のプログラムをそのまま実行すると、（a)の surface 形式で表示されます。(b)の wireframe 形式で表示したい場合は、以下のように 46 行目と 47 行目の # 記号を入れ替えて、47 行目をコメントとして設定し直します。

```
046  #    p = plot(u,seriestype=:wireframe)#wireframe 形式
047       p = plot(u,seriestype=:surface)#surface 形式
```

↓

```
046       p = plot(u,seriestype=:wireframe)#wireframe 形式
047  #    p = plot(u,seriestype=:surface)#surface 形式
```

#記号を付け替えることで 47 行目をコメントアウトしている

　リスト 3.2 に示した laplace.jl プログラム内部の処理を簡単に説明します。まず 32 行目から始まる main() 関数では、33 行目で 2 次元配列 u[] をすべて 0 に初期化しています。ここで、zeros() 関数は配列を 0 で初期化するための関数です。

　次に、34 行目〜36 行目の for 文により、2 次元配列 u[] で囲まれた領域の一辺に sin 関数の値を初期値として与えています。この結果、計算対象領域 D の初期値、すなわち境界条件は図 3.9 のようになります。

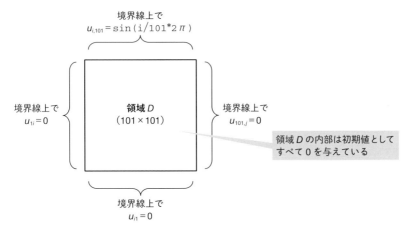

境界線上で
$u_{i,101} = \sin(i/101 * 2\pi)$

境界線上で
$u_{1,i} = 0$

領域 D
(101 × 101)

境界線上で
$u_{101,j} = 0$

領域 D の内部は初期値として
すべて 0 を与えている

境界線上で
$u_{i,1} = 0$

図 3.9　出力 3.3 の計算を行うための境界条件

　なお、境界条件の計算において、本プログラムでは以下のような計算を行っています。

```
038                 u[1 , i]=sin(2*π*i/(M))
```

　ここで、式の中の π は円周率を表します。このように、Julia は Unicode を用いた柔軟な表現に対応しており、変数や関数の名前に Unicode による表現を利用することもできます。実際に利用するかどうかは別ですが、たとえば次のように「変数"円周率"に π の値を代入する」などの表現が可能です。

```
julia> π
π = 3.1415926535897...


julia> 円周率 = π
π = 3.1415926535897...


julia> 円周率
π = 3.1415926535897...


julia>
```

　プログラムの説明を続けます。38 行目〜40 行目の for 文が、反復計算の本体です。39 行目では、1 回分の反復計算を行う関数 iteration() を呼び出し、u[] の値を更新します。LIMIT 回の反復計算が終了したら、41 行目の println() 関数によって u[] の内容を出力します。

　次に、下請け関数である iteration() 関数を見てみましょう。13 行目からの iteration() 関数では、反復 1 回分の計算を行います。17 行目と 18 行目の二重 for 文により、u[] の内部全体にわたって 19 行目の代入文を適用します。結果は、u_next[] に代入します。すべての計算が終わったら、u_next[] を u[] に改めて代入することで、u[] の値を更新します（23 行目〜27 行目）。

　最後に、境界条件の設定を図 3.10 のように変更して、laplace.jl プログラムを実行してみましょう。出力 3.3(c) は、図 3.9 の設定に加えて、下辺の境界条件を cos 関数により設定した場合の例です。このような計算結果を得るためには、laplace.jl プログラムの 36 行目（glaplace.jl プログラムでは 39 行目）に、次の代入文を追加します。

```
034      for i = 1 : M
035          u[1 , i]=sin(2*πi/(M))
036      end
```

↓

```
034      for i = 1 : M
035          u[1 , i]=sin(2*πi/(M))
036          u[M , i]=cos(2*πi/(M))
037      end
```

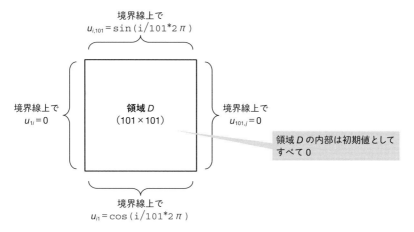

図 3.10　変更した境界条件

出力 3.3　（c）境界条件を変更した場合の出力結果

・・・

（**c**）境界条件を変更した場合の出力結果

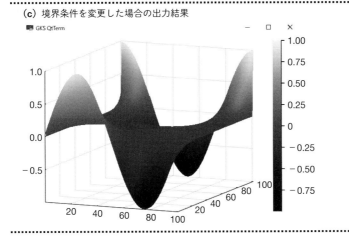

・・・

② より複雑な形状の領域の場合

`laplace.jl` プログラムでは、正方形領域について計算を行いました。プログラムを改造すると、より複雑な領域についての計算が可能です。

たとえば、図 3.11 に示すような形状の領域 $D2$ を考えます。領域 $D2$ は、上下左右 1/4 の部分が欠けています。

図 3.11　より複雑な形状の領域（上下左右 1/4 の部分が欠けている）

領域 $D2$ の計算を行うには、`laplace.jl` プログラムの `iteration()` 関数内で、u_{ij} の値の計算を行っている 17 行目〜21 行目を変更します。

`laplace.jl` プログラムでは、17 行目と 18 行目の `for` 文により、長方形

領域を計算するように指定しています。図3.11のような領域を計算するには、たとえば領域 D2 を図3.12のように上下に3つに分割し、それぞれの分割領域を別個の for 文で処理するようにプログラムを追加します。また、配列 u[] は領域 D2 全体を含む長方形として設定し、u[] の初期値については、領域外は適当な値（たとえば0）を代入しておきます。

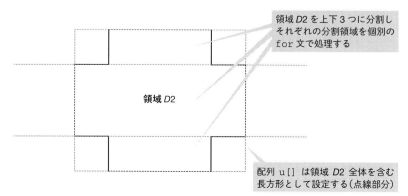

領域 D2

領域 D2 を上下3つに分割しそれぞれの分割領域を個別の for 文で処理する

配列 u[] は領域 D2 全体を含む長方形として設定する（点線部分）

図3.12　領域の分割と配列 u[] の設定

　図3.11の領域 D2 に対応する処理プログラムである glaplace2.jl をリスト3.4に、その実行結果を出力3.4に示します。

リスト3.4　glaplace2.jl プログラム（より複雑な形状の領域を求める）

```
001  # glaplace2.jl プログラム
002  # ラプラス方程式の解法プログラムその2
003  # 境界条件として領域 D2 を対象とする
004  # 反復法によりラプラス方程式を解きます
005  # 結果をグラフ表示します
006  # 使い方 c:\>julia glaplace2.jl
007
008  using Plots  # グラフ描画
009
010  # グローバル変数
011  LIMIT=1000 # 反復回数の上限
012  N=101 # x 軸方向の分割数
013  M=101 # y 軸方向の分割数
014
015  # 下請け関数の定義
```

```
016  # iteration()関数
017  function iteration(u)
018  """  1回分の反復計算   """
019      u_next= zeros(Float64, N , M) # 次ステップのuij
020      # 次のステップの値を計算
021      # 下1/4 の計算
022      for i  = round(Int,N / 4) : round(Int,(N - 1) * 3 /
     4)
023          for j  = 2 : round(Int,(M - 1) / 4)
024              u_next[i,j] = (u[i,j - 1] + u[i - 1,j] + u
     [i + 1,j]
025                                    + u[i,j + 1]) / 4
026          end
027      end
028      # 中央1/2 の計算
029      for i  = 2 : N - 1
030          for j  = round(Int,(M - 1) / 4) : round(Int,(M
     - 1) * 3 / 4)
031              u_next[i,j] = (u[i,j - 1] + u[i - 1,j] + u
     [i + 1,j]
032                                    + u[i,j + 1]) / 4
033          end
034      end
035      # 上1/4 の計算
036      for i  = round(Int,N / 4) : round(Int,(N - 1) * 3 /
     4)
037          for j  = round(Int,(M - 1) * 3 / 4) : M - 1
038              u_next[i,j] = (u[i,j - 1] + u[i - 1,j] + u
     [i + 1,j]
039                                    + u[i,j + 1]) / 4
040          end
041      end
042
043      # u の更新
044      for i = 2 :N-1
045          for j =2 : M-1
046              u[i,j]=u_next[i,j]
047          end
048      end
049  end
050  # iteration()関数の終わり
```

```
051
052   # main()関数
053   function main()
054       u= zeros(Float64, N , M) # uij の初期化
055       for i = 1 : M
056           u[1 , i]=sin(2*π*i/(M))
057       end
058       # 反復法の計算
059       for i = 1 : LIMIT
060           iteration(u)
061       end
062       println(u)# 結果の出力
063       # グラフ描画
064   #    p = plot(u,seriestype=:wireframe)#wireframe 形式
065       p = plot(u,seriestype=:surface)#surface 形式
066       display(p)                # 描画
067       readline(stdin)          # Enter キーを待つ
068   end
069
070   # main()関数の実行
071   main()
072
073   # glaplace2.jl の終わり
```

出力 3.4 `glaplace2.jl` プログラムの実行結果

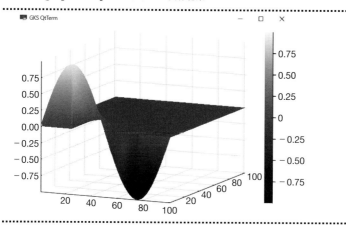

3.3　Julia の言語機能の活用

　これまで紹介したプログラムでは、繰り返し処理を用いて行列計算を記述しました。アルゴリズムを理解するためには、こうした記述方法を把握する必要があります。しかし実際には、Julia には簡単に行列計算を行う機能があらかじめ用意されています。行列計算機能を利用すると、行列関連の計算をきわめて簡潔に表現することが可能です。

　たとえば、gauss.jl プログラムのように連立方程式を解くプログラムは、Julia の行列計算機能を利用するとリスト 3.5 のように記述できます。リスト 3.5 の jlgauss.jl プログラムでは、係数行列 A と方程式の右辺を表す B に値を設定したあとは、次の 1 行のみで連立方程式を解いています。

```
016        println(A\B) # 連立方程式を解く
```

リスト 3.5　jlgauss.jl プログラム（行列計算機能を使って連立方程式を解く）

```
001  # jlgauss.jl プログラム
002  # Julia の行列計算機能を利用して連立方程式を解きます
003  # 使い方 c:\>julia jlgauss.jl
004
005  # グローバル変数
006  A=[4 -1 0 -1 0 0 0 0 0  ; -1 4 -1 0 -1 0 0 0 0
007     0 -1 4 0 0 -1 0 0 0  ; -1 0 0 4 -1 0 -1 0 0
008     0 -1 0 -1 4 -1 0 -1 0  ; 0 0 -1 0 -1 4 0 0 -1
009     0 0 0 -1 0 0 4 -1 0  ; 0 0 0 0 -1 0 -1 4 -1
010     0 0 0 0 0 -1 0 -1 4 ]  # 係数行列
011
012  B=[0;0;0.25;0;0;0.5;0.25;0.5;1.5] # 方程式右辺
013
014  # main() 関数
015  function main()
016      println(A\B) # 連立方程式を解く
017  end
018
019  # main() 関数の実行
020  main()
```

```
021
022   # jlgauss.jl の終わり
```

出力 3.5　jlgauss.jl プログラムの実行結果

```
C:\ >julia jlgauss.jl
[0.0625, 0.125, 0.18749999999999997, 0.12499999999999999,
0.25, 0.37500000000000006, 0.18749999999999997, 0.375,
0.5625]


C:\ >
```

章末問題 3

（1）3.2 節では、ラプラスの方程式の数値解法について示しました。ラプラス
　　の方程式をより一般化したポアソンの方程式（本文の(5)式）も、同様の
　　方法で計算をすることができます。

　　ラプラスの方程式を離散化すると、u_{ij} の値は隣接 4 点の平均値で表され
　　ました。ポアソンの方程式では、次の形で u_{ij} の値を計算することができ
　　ます。ただし h は空間の刻み幅であり、$f(x, y)$ はポアソンの方程式の右
　　辺に出現する既知の関数です。

$$u_{ij} = \frac{u_{i,j-1} + u_{i-1,j} + u_{i+1,j} + u_{i,j+1} - h^2 f(x, y)}{4} \tag{22}$$

　　この式(22)を用いて、電荷の存在する 2 次元平面の電位分布など、ポア
　　ソンの方程式で表される物理現象をシミュレートしてみてください。ま
　　た、その結果をグラフとして表示し、第 2 章章末問題の「ハイパー☆
　　カーリング」ゲームの背景としてください。

（2）3.2 節で示した反復法によるラプラス方程式の解法プログラム laplace.
jl は、とても並列性の高いプログラムです。つまり、u_{ij} の周囲 4 点の値
の平均を求める際には、領域 D 内部のすべての点の計算を同時に行うこ
とが可能です。

したがって原理的には、マルチコアの CPU を使えば、この計算部分につ
いてはほぼコア数に比例した高速化が可能です。Julia には並列処理の機
能が用意されているので、ぜひ laplace.jl プログラムの並列化を試み
てください。

（3）ポアソン方程式に代表される楕円型だけでなく、表 3.1 に示した双曲型
や放物型の偏微分方程式を数値的に解いてみてください。拡散方程式につ
いては、表に示した 1 次元のものだけでなく、2 次元の方程式を解き時間
経過をグラフ化すると興味深いと思います。

第4章 セルオートマトンを使ったシミュレーション

本章では、セルオートマトンを用いたシミュレーションを取り上げます。例題として、セルオートマトンの平易な応用例であり生物コロニーのシミュレーションとしての意味のある、ライフゲームを取り上げます。

また、セルオートマトンによる現実世界のシミュレーションの例として、セルオートマトンによる自動車の交通流のシミュレーションの原理を示します。

4.1 セルオートマトンの原理

① セルオートマトンとは

セルオートマトン（**cellular automaton**）は、「内部状態をもったセルが、ほかのセルとの相互作用によって時間的に変化していく」というモデルです（図 4.1）。ここでいう**相互作用**とは、セルどうしの情報交換による内部状態の更新を意味します。

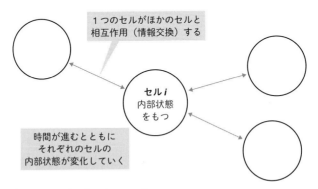

図 4.1 セルオートマトンのモデル

セルオートマトンの世界には、複数のセルが存在します。それぞれのセルは

独立しており、個別の内部状態をもっています。**内部状態**とは、セルのもっている記憶のようなものです。状態の種類は何種類でもかまいませんが、意味のある動作をさせるためには、最低でも 2 種類の状態が必要です。以下では、状態 0 と状態 1 からなる 2 種類の状態をもつセルを中心に扱います。

　セルどうしは、あらかじめ決まった条件の下で、互いに情報を交換することができます。たとえば 2 次元平面上に格子状に配置されたセルでは、平面状のセルどうしが内部状態を互いに知ることができる、という条件設定をすることができます。このようなモデルを **2 次元セルオートマトン**と呼びます。

　図 4.2 はその一例です。図 4.2 の中央に示した灰色のセルは、上下左右の 4 つのセルと情報交換します。もちろん、もっと広い範囲で情報交換を行うような複雑な条件設定も可能です。たとえば図 4.2 で、上下左右のほかに、斜めに隣接するセルや、隣の隣に位置するセルと情報交換するモデルも考えることができます。しかしここでは、主として隣接するセルが情報交換するモデルを考えます。

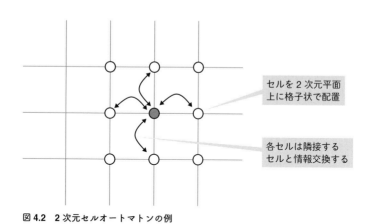

セルを 2 次元平面
上に格子状で配置

各セルは隣接する
セルと情報交換する

図 4.2　2 次元セルオートマトンの例

　セルオートマトンの世界には、時間の概念が存在します。セルの状態は、時刻とともに変化します。通常、セルオートマトンの世界に含まれるすべてのセルは、あるタイミングでいっせいに状態を更新します。つまり、セルオートマトンの世界では、時刻 t は $t = 0, 1, 2, ...$ と離散的に変化します。

　ある時刻 $t = t_k$ において、図 4.3 のセル c_{ij} の状態を $a_{ij}{}^{t_k}$ とします。このと

き、次の時刻 t_{k+1} におけるセル c_{ij} の状態 a_{ij}^{tk+1} は、a_{ij}^{tk} およびほかのセルの時刻 t_k における状態によって決定されます。どのように決定するのかは、セルオートマトンの世界の設計者が任意に決めることができます。

　図 4.3 では、一例として「a_{ij}^{tk} および $t = t_k$ における周囲の 4 つのセルの状態 $a_{ij-1}^{tk}, a_{i-1j}^{tk}, a_{i+1j}^{tk}, a_{ij+1}^{tk}$ で決定する」としています。図では、この方法を関数 f として表しています。この関数を**ルール**と呼びます。

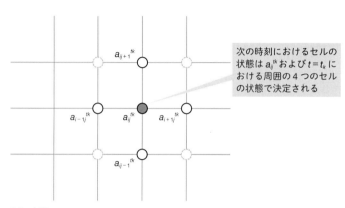

（**a**）時刻 $t = t_k$

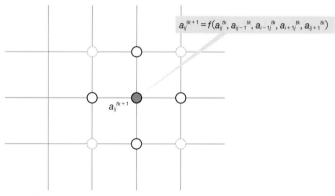

（**b**）時刻 $t = t_{k+1}$

図 4.3　セルオートマトンの世界の時間発展

　さて、ルールによってセルオートマトンの世界がどのように変化を遂げるのか、考えてみましょう。はじめに、取り扱いが容易な **1 次元セルオートマトン**の世界で考えます。

1次元のセルオートマトンの世界は、図4.4に示すように、セルが1次元に配置された世界です。ここでは、セルの状態は0と1の2通りとし、セルは隣接する両隣のセルと相互作用することにします。

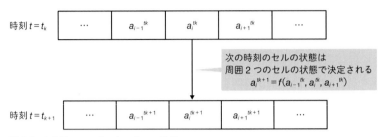

図 4.4　1次元のセルオートマトンの世界

セルの状態は、隣接3セルの1時刻前の状態で決定されますが、決定のためのルールが必要です。隣接3セルの1時刻前の状態には、3セルすべて0の場合から、3セルすべてが1の場合までの8通りの場合があります。

そこで、この8通りの場合に対して a_i^{tk+1} を決めてやれば、ルールができあがります。8通りそれぞれの場合に対して2通りの選択が可能なので、ルールの総数は $2^8 = 256$ 通りとなります。表4.1にルールの例を4種類示します。

表 4.1　1次元セルオートマトンのルールの例

ルール 0	$a_{i-1}^{tk}, a_i^{tk}, a_{i+1}^{tk}$	111	110	101	100	011	010	001	000
	a_i^{tk+1}	0	0	0	0	0	0	0	0
ルール 2	$a_{i-1}^{tk}, a_i^{tk}, a_{i+1}^{tk}$	111	110	101	100	011	010	001	000
	a_i^{tk+1}	0	0	0	0	0	0	1	0
ルール 18	$a_{i-1}^{tk}, a_i^{tk}, a_{i+1}^{tk}$	111	110	101	100	011	010	001	000
	a_i^{tk+1}	0	0	0	1	0	0	1	0
ルール 30	$a_{i-1}^{tk}, a_i^{tk}, a_{i+1}^{tk}$	111	110	101	100	011	010	001	000
	a_i^{tk+1}	0	0	0	1	1	1	1	0

表 4.1 で、1 行目の 3 桁の数字は、時刻 t_k における注目セルの状態 $a_i^{t_k}$ とその両隣である $a_{i-1}^{t_k}$ と $a_{i+1}^{t_k}$ の状態を並べて書いたものです。たとえば、最も右の列の 000 はこれら 3 つのセルの状態がすべて 0 であることを表します。

2 行目は、1 行目の状態に対して次の時刻 t_{k+1} で注目セルの状態 $a_i^{t_{k+1}}$ がどうなるかを表しています。たとえばルール 2 で、右から 2 番目の列 001 の場合は次の時刻で 1 となることがわかります（図 4.5）。

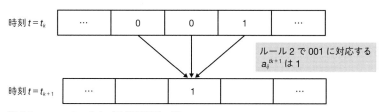

図 4.5　ルール 2 にもとづく状態遷移の例

ルールの名称は、$a_i^{t_{k+1}}$ の並びを 8 桁の 2 進数として読んだときの 10 進数表現で与えます。たとえばルール 18 は、$a_i^{t_{k+1}}$ の並びが次のようになっています。

00010010

これを 8 桁の 2 進数と考えて以下のようにし、ルール 18 という名称にしました。

$(00010010)_2 \quad \rightarrow \quad 2^4 + 2^1 = 18$

さて、1 次元セルオートマトンがどのように時間発展を遂げるのか、手作業で追いかけてみましょう。いま、8 つのセルが並んだ 1 次元セルオートマトンを考えます。また、ルールとしてルール 2 を取り上げ、初期状態として図 4.6 を仮定します。

c_0	c_1	c_2	c_3	c_4	c_5	c_6	c_7
0	0	0	0	1	0	0	0

図 4.6　1 次元セルオートマトンの初期状態（$t = t_0$）

　次の時刻を考えるためには、図 4.7 のように各セルにルールを適用します。c_0 と c_7 は、ルールを適用するための隣接セルが存在しませんが、ここでは c_0 の左側と c_7 の右側の状態は常に 0 であるとして計算することにします。すると、時刻 t_0 で 001 が適用される c_3 だけが、時刻 t_1 において状態 1 となります。

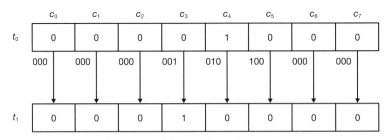

図 4.7　初期状態 t_0 からルール 2 により次の状態 t_1 を求める

　以下同様に計算を進めると、表 4.2 のような結果を得ます。時刻が進むにつれ状態 1 の位置が左にシフトしていき、最後は全体が 0 となります。

表 4.2　1 次元セルオートマトンのルール 2 による時間発展

$t = t_0$	0	0	0	0	1	0	0	0
$t = t_1$	0	0	0	1	0	0	0	0
$t = t_2$	0	0	1	0	0	0	0	0
$t = t_3$	0	1	0	0	0	0	0	0
$t = t_4$	1	0	0	0	0	0	0	0
$t = t_5$	0	0	0	0	0	0	0	0

　同様に、今度はルール 30 を適用してみましょう（表 4.3）。今度は各セルの状態が複雑に変化し、簡単にはその行く末を予想することはできません。この

ようにセルオートマトンは、ルールの違いによってさまざまな挙動を示します。

表 4.3　1 次元セルオートマトンのルール 30 による時間発展

$t = t_0$	0	0	0	0	1	0	0	0
$t = t_1$	0	0	0	1	1	1	0	0
$t = t_2$	0	0	1	1	0	0	1	0
$t = t_3$	0	1	1	0	1	1	1	1
$t = t_4$	1	1	0	0	1	0	0	0
$t = t_5$	1	0	1	1	1	0	0	0

② セルオートマトンの計算プログラム

セルオートマトンの状態遷移の計算を、Julia 言語のプログラムで行う方法を考えます。まず、1 次元セルオートマトンの表現には配列を用いることにします。具体的には、次のように N 個の要素からなる配列 ca[] を用意します。

```
077        ca =  zeros(Int , N) # セルの並び
```

次に更新のルール表ですが、これも素直に配列で表現します。8 個の要素からなる配列 rule[] を用い、プログラムの実行時に指定されるルール番号に従って初期値を設定します。

たとえばルール 2 の $(00000010)_2$ であれば、rule[2] のみが 1 となり、あとの要素はすべて 0 となります。ここで、Julia の配列は、添字が 0 からではなく 1 から始まることに注意して下さい。同様に、ルール 18 の $(00010010)_2$ であれば、rule[5] と rule[2] が 1 となり、あとは 0 となります。

ルール表を使ったセルオートマトンの更新は、次のように行います。ca[] の i 番目のセルを更新する場合には、ca[i-1]、ca[i]、ca[i+1] の値を用いて、rule[] の添字を決定するための次の計算を行います。

```
ca[i + 1] * 4 + ca[i] * 2 + ca[i - 1] + 1
```

この計算は、ルール表 rule[] の何番目の要素を参照するか、を決めるための計算です。たとえば ca[i-1]，ca[i]，ca[i+1] の値がすべて 0 なら、この計算の値は 1 となります。

そこで、rule[] の 1 番目を見れば、次の時刻の ca[i] を決定することができます。同様に、たとえば ca[i-1]，ca[i]，ca[i+1] の値がそれぞれ 1 と 0 と 1 ならば、上記計算の値は 6 となり、rule[] の 6 番目の要素の値が次の時刻の ca[i] の値となります。このことから、次の時刻の ca[i] の値は次式で求まります。

```
rule[ca[i + 1] * 4 + ca[i] * 2 + ca[i - 1] + 1]
```

以上の基本方針にもとづいて作成した 1 次元セルオートマトンのシミュレーションプログラム ca1.jl をリスト 4.1 に、実行結果を出力 4.1 に示します。なお、出力 4.1 は、紙面の都合で右端 5 文字分の 0 を省略しています。

リスト 4.1　ca1.jl プログラム（1 次元セルオートマトンのシミュレーション）

```
001  # ca1.jlプログラム
002  # セルオートマトン(1次元)計算プログラム
003  # ルールと初期状態から、時間発展を計算する
004  # 使い方 c:\>julia ca1.jl
005
006  # グローバル変数
007  N = 65       # セルの最大個数
008  R = 8        # ルール表の大きさ
009  MAXT = 50  # 繰り返しの回数
010
011  # 下請け関数の定義
012  # setrule()関数
013  function setrule(rule,ruleno)
014      """ルール表の初期化"""
015      # ルール表の書き込み
016      for i = 1 : R
017          rule[i] = ruleno % 2
018          ruleno = ruleno ÷ 2  # 左シフト
019      end
020      # ルールの出力
021      for i = R : -1 : 1
```

```
022         println(rule[i])
023     end
024 end
025 # setrule()関数の終わり
026
027 # initca()関数
028 function initca(ca)
029     """セルオートマトンへの初期値の読み込み"""
030     # 初期値を読み込む
031     print("ca の初期値を入力してください:")
032     line = readline()
033     println()
034     # 内部表現への変換
035     for no = 1 : length(line)
036         ca[no] = parse(Int , line[no])
037     end
038 end
039 # initca()関数の終わり
040
041 # putca()関数
042 function putca(ca)
043     """ca の状態の出力"""
044     for no = N : -1 : 1
045         print(ca[no])
046     end
047     println()
048 end
049 # putca()関数の終わり
050
051 # nextt()関数
052 function nextt(ca,rule)
053     """ca の状態の更新"""
054     nextca = zeros(Int , N)   # 次世代の ca
055     # ルールの適用
056     for i = 2 : N - 1
057         nextca[i] = rule[ca[i + 1] * 4 + ca[i] * 2 + ca
    [i - 1] + 1]
058     end
059     # ca の更新
060     ca .= nextca
061 end
```

```
062    # nextt()関数の終わり
063
064    # main()関数
065    function main()
066        # ルール表の初期化
067        rule = zeros(Int , R)   # ルール表の作成
068        print("ルール番号を入力してください:")
069        ruleno = parse(Int,readline())
070        println()
071        if ruleno < 0 || ruleno > 255
072            println("ルール番号が正しくありません(", rule-
    no, ")")
073            exit()
074        end
075        setrule(rule, ruleno)   # ルール表をセット
076        # セルオートマトンへの初期値の読み込み
077        ca =  zeros(Int , N) # セルの並び
078        initca(ca)  # 初期値読み込み
079        putca(ca)     # ca の状態の出力
080        # 時間発展の計算
081        for t = 1 : MAXT
082            nextt(ca, rule)   # 次の時刻に更新
083            putca(ca)         # ca の状態の出力
084        end
085    end
086
087    # main()関数の実行
088    main()
089
090    # ca1.jl の終わり
```

出力 4.1 ca1.jl プログラムの実行結果

··

```
C:\♪ julia ca1.jl
ルール番号を入力してください：2 ┐
                              ├→ ルール 2
                                 図 4.8 と同様の結果が出力される
0
0
0
0
0
```

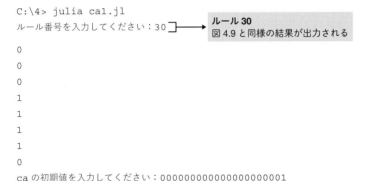

```
0
1
0
ca の初期値を入力してください：000000000000000000001

00000000000000000000000000000000000000000000000001000000000000000
00000000000000000000000000000000000000000000000010000000000000000
00000000000000000000000000000000000000000000000100000000000000000
00000000000000000000000000000000000000000000001000000000000000000
00000000000000000000000000000000000000000000010000000000000000000
00000000000000000000000000000000000000000000100000000000000000000
00000000000000000000000000000000000000000001000000000000000000000
00000000000000000000000000000000000000000010000000000000000000000
00000000000000000000000000000000000000000100000000000000000000000
（以下、出力が続く）

C:\4> julia ca1.jl
ルール番号を入力してください：30
```

ルール 30
図 4.9 と同様の結果が出力される

```
0
0
0
1
1
1
1
0
ca の初期値を入力してください：000000000000000000001

00000000000000000000000000000000000000000000000001000000000000000
00000000000000000000000000000000000000000000000011100000000000000
00000000000000000000000000000000000000000000000110010000000000000
00000000000000000000000000000000000000000000001101111000000000000
00000000000000000000000000000000000000000000011001000100000000000
00000000000000000000000000000000000000000000110111101110000000000
00000000000000000000000000000000000000000001100100001001000000000
（以下、出力が続く）
```

出力 4.1 からわかるように、ca1.jl プログラムは、ルール番号を指定してからセルオートマトンの初期状態を入力します。出力 4.1 の例では、ルール 2 とルール 30 に対する状態の遷移を計算しています。

ca1.jl プログラムの内部を簡単に説明します。ca1.jl プログラムは、65

行目からの main() 関数のほか、表 4.4 に示す 4 つの下請け関数から構成されています。

表 4.4 ca1.jl プログラムを構成する下請け関数

名称	説明
setrule(rule,ruleno)	ルール表の初期化
initca(ca)	初期値の読み込み
putca(ca)	ca の状態の出力
nextt(ca,rule)	次の時刻に更新

65 行目からの main() 関数では、最初に setrule() 関数を用いて、入力されたルール番号によりルール表を格納する配列 rule[] を初期化します（75 行目）。次に、initca() 関数を用いて、セルオートマトンの初期状態を設定します（78 行目）。その後、81 行目～84 行目の for 文により、変数 MAXT で決められた回数だけ状態更新を行います。実際の作業は nextt() 関数を用いて行い、更新の都度 putca() 関数を用いてセルオートマトンの状態を標準出力に出力します。

次に、メイン実行部から呼び出される下請けの関数について説明します。まず、ルールを初期化する setrule() 関数を見てみましょう。

setrule() 関数内では、16 行目の for 文により、ルール番号にもとづいて配列 rule[] に 0 または 1 の値を格納します。この for 文では、ルール番号を 2 進数として見たときの 1 の位の値を取り出し、rule[] に書き込むことを繰り返します。その際、剰余演算子「%」および整数除算演算子「÷」を利用してルール表を作成しています（17 行目、18 行目）。整数除算演算子「÷」は一般の除算演算子「/」と異なり、小数点以下を切り捨てて整数の除算を実行します。setrule() 関数内では、最後に確認のためにルールを出力します。

28 行目から始まる initca() 関数では、配列 ca[] の初期値を標準入力から読み取ります。読み取りは 32 行目で 1 行まとめて行い、そののち、35 行目の for 文により左詰めで ca[] に値を書き込みます。

セルオートマトンの状態更新を行う nextt() 関数は、52 行目から始まります。処理は非常に単純で、次世代のセルオートマトンの世界を格納する配列

nextca[]に、先に説明した方法に従って次の時刻のセルの値を格納します。計算は 56 行目の for 文で行い、ひととおり計算し終えたら、60 行目の代入文により計算結果を配列 ca[]に書き戻します。この際、対応する配列の各要素をそれぞれ代入するために、「.=」という記述によって要素ごとの代入を指示しています。

　最後に、42 行目から始まる putca() 関数で、セルオートマトンの状態を出力しています。

　ca1.jl プログラムでは、計算結果をテキスト（文字）で出力します。このままでは、規模の大きい出力を見やすく表示するのは困難です。そこで、**Images** パッケージと **ImageView** パッケージを用いて結果を可視化してみましょう。リスト 4.2 に、ca1.jl プログラムにグラフ出力の機能を加えたプログラムである gca1.jl を示します。パッケージの追加方法については、付録 A を参照してください。

リスト 4.2　gca1.jl プログラム（可視化機能追加）

```
001    # gca1.jl プログラム
002    # セルオートマトン(1 次元)計算プログラム
003    # ルールと初期状態から、時間発展を計算する
004    # 使い方 c:\>julia gca1.jl
005
006    using Images , ImageView  # 描画
007
008    # グローバル変数
009    N = 256      # セルの最大個数
010    R = 8        # ルール表の大きさ
011    MAXT = 256   # 繰り返しの回数
012
013    # 下請け関数の定義
014    # setrule()関数
015    function setrule(rule,ruleno)
016        """ルール表の初期化"""
017        # ルール表の書き込み
018        for i = 1 : R
019            rule[i] = ruleno % 2
020            ruleno = ruleno ÷ 2  # 左シフト
021        end
022        # ルールの出力
```

```
023        for i = R : -1 : 1
024            println(rule[i])
025        end
026    end
027    # setrule()関数の終わり
028
029    # initca()関数
030    function initca(ca)
031        """セルオートマトンへの初期値の読み込み"""
032        # 初期値を読み込む
033        print("ca の初期値を入力してください:")
034        line = readline()
035        println()
036        # 内部表現への変換
037        for no = 1 : length(line)
038            ca[no] = parse(Int , line[no])
039        end
040    end
41    # initca()関数の終わり
42
43    # putca()関数
44    function putca(ca)
045        """ca の状態の出力"""
046        for no = N : -1 : 1
047            print(ca[no])
048        end
049        println()
050    end
051    # putca()関数の終わり
052
053    # nextt()関数
054    function nextt(ca,rule)
055        """ca の状態の更新"""
056        nextca = zeros(Int , N)   # 次世代の ca
057        # ルールの適用
058        for i = 2 : N - 1
059            nextca[i] = rule[ca[i + 1] * 4 + ca[i] * 2 + ca
       [i - 1] + 1]
060        end
061        # ca の更新
062        ca .= nextca
```

```julia
063 end
064 # nextt()関数の終わり
065
066 # main()関数
067 function main()
068     outputdata = zeros(Float64 , MAXT+1 , N) # 出力用
    データ
069     # ルール表の初期化
070     rule = zeros(Int , R)   # ルール表の作成
071     print("ルール番号を入力してください:")
072     ruleno = parse(Int,readline())
073     println()
074     if ruleno < 0 || ruleno > 255
075         println("ルール番号が正しくありません(", rule-
    no, ")")
076         exit()
077     end
078     setrule(rule, ruleno)  # ルール表をセット
079     # セルオートマトンへの初期値の読み込み
080     ca = zeros(Int , N) # セルの並び
081     initca(ca)   # 初期値読み込み
082     putca(ca)     # ca の状態の出力
083     for i = 1 : N
084         outputdata[1,i] = ca[i]
085     end
086     # 時間発展の計算
087     for t = 1 : MAXT
088         nextt(ca, rule)   # 次の時刻に更新
089         putca(ca)           # ca の状態の出力
090         for i = 1 : N
091             outputdata[t+1 , i] =ca[i] # 出力用データの更
    新
092         end
093     end
094     # グラフ出力
095     img = colorview(Gray,outputdata)
096     imshow(img)
097     readline()
098 end
099
100 # main()関数の実行
```

```
101   main()
102
103   # gca1.jl の終わり
```

gca1.jl プログラムのグラフ出力結果例を出力 4.2 に示します。出力 4.2
では、セル数を 256 とし、ルール 18 にもとづいて t=256 まで計算を繰り返
した結果を示しています。

出力 4.2　gca1.jl プログラムの実行結果（ルール 18）

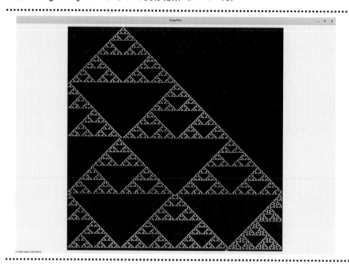

gca1.jl プログラムでは、Images と ImageView というパッケージを利
用することでグラフィカルな出力を作成しています。このため、main() 関数
の冒頭 68 行目で出力データを格納する配列 outputdata[] を初期化してい
ます。

続いて、83 行目から 85 行目において、セルオートマトンの初期状態を
outputdata[] にコピーしています。その後、時間発展の計算に伴って、90
行目から 92 行目で計算結果を 1 行ずつ outputdata[] にコピーしています。
すべての計算が終了したのち、95 行目から 97 行目において outputdata[]
の内容を画像として画面出力しています。

4.2　ライフゲーム

　本節では、2 次元セルオートマトンの一種であるライフゲームを取り上げます。ライフゲームは、生物コロニーのシミュレーションと解釈することが可能な、興味深いセルオートマトンです。

① ライフゲームとは

　ライフゲーム（**life game**）は、次のようなルールによって規定された 2 次元セルオートマトンです。ただし、セルの状態は 0 または 1 の 2 状態のいずれかを取ります。

ライフゲームのルール

(1) 時刻 t_k において、セル c_{ij} の周囲 8 セルの状態の総和 $s_{ij}{}^{tk}$ が 3 ならば、次の時刻 t_{k+1} におけるセル c_{ij} の状態 $a_{ij}{}^{tk+1}$ は 1 となる。

(2) 時刻 t_k において、セル c_{ij} の周囲 8 セルの状態の総和 $s_{ij}{}^{tk}$ が 2 ならば、次の時刻 t_{k+1} におけるセル c_{ij} の状態 $a_{ij}{}^{tk+1}$ は変化しない（$a_{ij}{}^{tk} = a_{ij}{}^{tk+1}$）。

(3) 上記以外の場合、次の時刻 t_{k+1} におけるセル c_{ij} の状態 $a_{ij}{}^{tk+1}$ は 0 となる。

　上記のルールを、例を用いて説明します。たとえばある時刻 t_k において、図 4.8 のように、セル c_{ij} の周囲 8 マスに状態 1 のセルが合計 3 つあったとします。この場合ルール(1)により、次の時刻 t_{k+1} におけるセル c_{ij} の状態は 1 となります。ルール(1)は、時刻 t_k におけるセル c_{ij} の状態 $a_{ij}{}^{tk}$ にかかわらず適用されます。したがって、$a_{ij}{}^{tk} = 0$ ならば次の時刻でセル c_{ij} が 1 に書き換えられます。もともと $a_{ij}{}^{tk} = 1$ ならば、次の時刻でセルの状態に変化はありません。

　セルの状態が 1 であることを「生物が存在する」と例えるならば、図 4.8 の例は、生物の誕生あるいは存続を意味すると解釈することができます。この解釈では、ルール(1)は「周囲の環境が適切である場合、生物が増殖することをシミュレートしている」とみなすことができます。

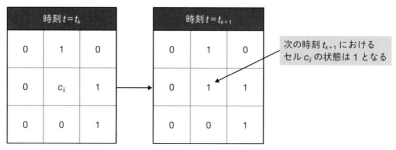

次の時刻 t_{k+1} における
セル c_{ij} の状態は 1 となる

図 4.8　セルの周囲に状態 1 のセルが合計 3 つ存在する（誕生または存続）

　続いて、図 4.9 を見てください。時刻 t_k において、セル c_{ij} の周囲に、状態 1 のセルが合計 2 つあったとします。この場合ルール（2）により、次の時刻 t_{k+1} におけるセル c_{ij} の状態に変化はありません。

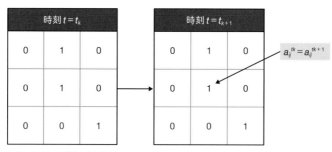

$a_{ij}^{t_k} = a_{ij}^{t_{k+1}}$

（a） $a_{ij}^{t_k} = 1$ の場合（存続）

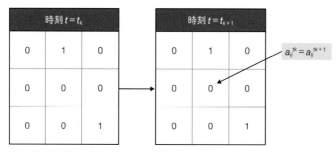

$a_{ij}^{t_k} = a_{ij}^{t_{k+1}}$

（b） $a_{ij}^{t_k} = 0$ の場合（なにも起こらない）

図 4.9　セルの周囲に状態 1 のセルが合計 2 つ存在する（存続）

　図 4.9 を解釈すると、ルール（2）は「周囲の環境が適切である場合、生物が

存続することをシミュレートしている」とみなすことができます。

　図 4.8 と 4.9 の場合以外には、時刻が進むとセルの状態は 0 になります。図
4.10 にその例を示します。

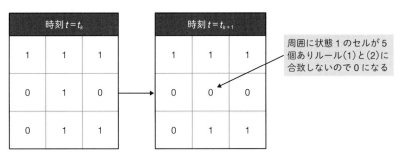

周囲に状態 1 のセルが 5
個ありルール(1)と(2)に
合致しないので 0 になる

（a）過密な場合

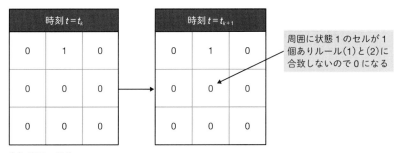

周囲に状態 1 のセルが 1
個ありルール(1)と(2)に
合致しないので 0 になる

（b）過疎の場合

図 4.10　ルール（1）と（2）に合致しない（セルの状態は 0 となる）

　以上のルールにもとづいて、ある初期配置からどのようにセルの状態が変化
するかを考えます。たとえば、図 4.11 のような初期配置では、状態(1)と(2)
の状態を繰り返す振動状態となります。なお、以降の図では、図 4.11 のよう
に状態 1 のみを表示することにします。

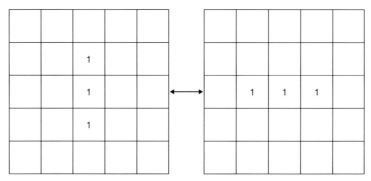

図 4.11　ライフゲームの状態遷移（a）縦 1 列と横 1 列を繰り返す

　図 4.12 の初期状態では、時刻の進展によっても配置は変化しません。生物のコロニーと解釈すれば、安定な生存状態であるといえるでしょう。

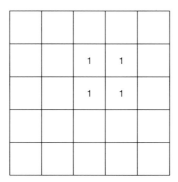

**図 4.12　ライフゲームの状態遷移（b）
時刻の進展によっても配置は
変化しない**

　図 4.13 の配置では、時刻とともに図形が移動しているように変化します。時刻 t_k から 4 時刻後の t_{k+4} では、同じ形の図形が右下に 1 セル分移動しています。生物シミュレーションとの解釈では、コロニーを構成する生物が移動しているように見ることができます。

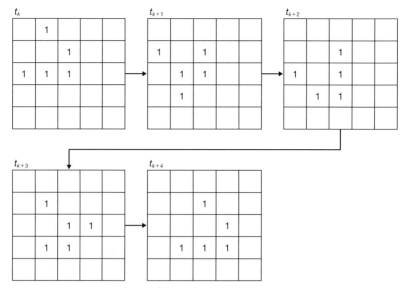

図 4.13　ライフゲームの状態遷移（c）時刻とともに図形が移動する

　図 4.13 の配置は、一般に**グライダー**と呼ばれています。グライダーはもとの配置を保ったまま、4 時刻ごとに右下に 1 セル分だけ移動します。

② ライフゲームのプログラム

　ライフゲームをシミュレートするプログラム life.jl の構成方法を考えます。基本的には、先に示した 1 次元セルオートマトンのプログラム ca1.jl を拡張することで、ライフゲームのシミュレータを作成することが可能です。

　ca1.jl プログラムと違い、life.jl プログラムはルールを指定する必要がありません。そこで、life.jl プログラムは入力として初期状態の配置のみを受け取ることにします。

　life.jl プログラムの基本的な構造を、図 4.14 に示します。図 4.14 は、life.jl プログラムに含まれる関数の呼び出し関係を表しています。表 4.5 に、これらの関数の説明を示します。

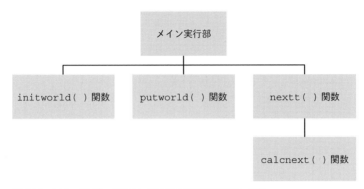

図 4.14 life.jl プログラムに含まれる関数の呼び出し関係

表 4.5 life.jl プログラムを構成する下請け関数

名称	説明
initworld(world)	初期値の読み込み
putworld(world)	world[]の状態の出力
nextt(world)	次の時刻に更新
calcnext(world, i, j)	1セルの状態の更新

　以上をもとに作成した life.jl プログラムをリスト 4.3 に、実行例を出力 4.3(a)に示します。出力 4.3 は Windows のコマンドプロンプト上での実行例であり、**リダイレクト**によって初期状態ファイル initlife1.txt を life.jl に与えています。

　コマンドプロンプトではなく Windows PowerShell 上で実行する場合には、この記法によるリダイレクトが使えないので、代わりに次のように入力してください。この方法では、リダイレクトではなく**パイプ**によって initlife1.txt ファイルの内容を life.jl プログラムに与えます。

```
C:\>type initlife1.txt | julia life.jl
```

リスト 4.3 life.jl プログラム（ライフゲームのシミュレーション）

```
001  # life.jl プログラム
002  # ライフゲーム計算プログラム
```

```
003  # 2 次元セルオートマトンの一種である、ライフゲームのプログラム
004  # 使い方 c:\>julia life.jl  <  (初期状態ファイル名)
005  # または c:\>type (初期状態ファイル名) | julia life.jl
006  # グローバル変数
007  N = 50      # ライフゲームの世界の大きさ
008  MAXT = 20   # 繰り返しの回数
009
010  # 下請け関数の定義
011  # putworld() 関数
012  function putworld(world)
013      """world の状態の出力"""
014      # world の出力
015      for i = 1 : N
016          for j = 1 : N
017              print(world[i,j])
018          end
019          println()
020      end
021  end
022  # putworld() 関数の終わり
023
024  # initworld() 関数
025  function initworld(world)
026      """初期値の読み込み"""
027      chrworld =readlines()
028      # 内部表現への変換
029      for i = 1 : N
030          for j = 1 : N
031              world[i , j] = parse(Int,chrworld[i][j])
032          end
033      end
034  end
035  # initworld() 関数の終わり
036
037  # nextt() 関数
038  function nextt(world)
039      """world の状態の更新"""
040      nextworld =zeros(Int , N, N) # 次世代
041      # ルールの適用
042      for i = 2 : N-1
043          for j = 2 : N - 1
```

```
044            nextworld[i,j] = calcnext(world, i, j)
045        end
046    end
047    # world の更新
048    world .= nextworld
049 end
050 # nextt()関数の終わり
051
052 # calcnext()関数
053 function calcnext(world, i, j)
054    """1セルの状態の更新"""
055    no_of_one = 0   # 周囲にある状態1のセルの数
056    # 状態1のセルを数える
057    for x = i - 1 : i + 1
058        for y = j - 1 : j + 1
059            no_of_one += world[x , y]
060        end
061    end
062    no_of_one -= world[i , j]   # 自分自身はカウントしない
063    # 状態の更新
064    if no_of_one == 3
065        return 1              # 誕生
066    elseif no_of_one == 2
067        return world[i , j]  # 存続
068    else
069        return 0   # 上記以外
070    end
071 end
072 # calcnext()関数の終わり
073
074 # main()関数
075 function main()
076    world =  zeros(Int , N, N)
077    # world[][]への初期値の読み込み
078    initworld(world)
079    println("t=0")   # 初期時刻の出力
080    putworld(world)  # world の状態の出力
081
082    # 時間発展の計算
083    for t = 1 : MAXT
084        nextt(world)       # 次の時刻に更新
```

```
085             println("t=", t)  # 時刻の出力
086             putworld(world)   # world の状態の出力
087        end
088    end
089
090    # main()関数の実行
091    main()
092
093    # life.jl の終わり
```

出力 4.3（a）　life.jl プログラムの実行結果（Windows コマンドプロンプト上での実行例）

```
C:\> julia life.jl< initlife1.txt
t=0
000000000000000000000000000000000000000000000000
000000000000000000000000000000000000000000000000
        （途中省略）
000000000000000000000000000000000000000000000000
000000000000000000000000000000000000000000000000
000000000000000111000000000000000000000000000000        生物の配置が
000000000000000101000000000000000000000000000000        1 で示される
000000000000000101000000000000000000000000000000
000000000000000000000000000000000000000000000000
000000000000000000000000000000000000000000000000

t=1
000000000000000000000000000000000000000000000000
000000000000000000000000000000000000000000000000
        （途中省略）
000000000000000000000000000000000000000000000000
000000000000000010000000000000000000000000000000        時刻の進展と
000000000000000101000000000000000000000000000000        ともに配置が
000000000000011011000000000000000000000000000000        変化する
000000000000000000000000000000000000000000000000
000000000000000000000000000000000000000000000000
        （以下、各時刻の計算結果を行列形式で出力する）
```

　life.jl プログラムの構成は、先に示した ca1.jl プログラムとよく似ています。75 行目からの main()関数では、initworld()関数を使って初期状態を読み込み、時刻 0 の状態として putworld()関数を使って出力します。

その後、83 行目～87 行目の for 文により nextt() 関数を呼び出すことで、時間的発展の様子を計算します。

nextt() 関数は、world[] 配列の一番外側を除くすべてのセルについてライフゲームのルールを適用することで、次の時刻の状態を計算します。ルールの適用について、calcnext() 関数を下請けの関数として利用します。

calcnext() 関数は、55 行目～62 行目の処理で周囲にある状態 1 のセルの数を数え、その値にもとづいて 64 行目～70 行目において次の時刻のセルの状態を返します。

putworld() 関数は、world[] 配列の内容を出力します。また initworld() 関数は、標準入力から初期状態で配置される生物の配置を読み込みます。なお、life.jl プログラムの受け取る初期値は、出力 4.3（b）のような形式となります。

出力 4.3（b）　life.jl プログラムの受け取る初期値の記述形式

```
C:\ >type initlife1.txt
000000000000000000000000000000000000000000000000
000000000000000000000000000000000000000000000000
000000000000000000000000000000000000000000000000
 （途中省略）
000000000000000000000000000000000000000000000000
000000000000000111000000000000000000000000000000    ◁------ 生物の配置を
000000000000000101000000000000000000000000000000           1 で示す
000000000000000101000000000000000000000000000000
```

life.jl プログラムは文字ベースの入出力にもとづく基本的なプログラムであり、結果はあまり見やすくありません。より広い領域のシミュレーションを行うには、グラフィカルな表示が望まれます。そこで、Plots パッケージを利用して結果を可視化するプログラム glife.jl をリスト 4.4 に、実行結果を出力 4.4 に示します。

リスト 4.4　glife.jl プログラム（可視化機能追加）

```
001  # glife.jl プログラム
002  # ライフゲーム計算プログラム
003  # 2 次元セルオートマトンの一種である、ライフゲームのプログラム
004  # 結果をグラフ描画する
```

```
005  # 使い方 c:\>julia glife.jl  < (初期状態ファイル名)
006  # または c:\>type (初期状態ファイル名) | julia life.jl
007
008  using Plots  # グラフ描画
009
010  # グローバル変数
011  N = 50       # ライフゲームの世界の大きさ
012  MAXT = 50  # 繰り返しの回数
013
014  # 下請け関数の定義
015  # gputworld()関数
016  function gputworld(world)
017      """worldの状態の出力"""
018      # 生命の存在する座標をプロット
019      x = []
020      y = []
021      for i = 1 : N
022          for j = 1 : N
023              if world[i,j] == 1
024                  push!(y , i)
025                  push!(x , j)
026              end
027          end
028      end
029      p = scatter(xlims=(0,N), ylims=(0,N)) #表示ウィンドウ
     作成
030      p = scatter!(x , y) # プロット
031      display(p) # 描画
032      sleep(0.2) # 待ち合わせ
033  end
034  # gputworld()関数の終わり
035
036  # putworld()関数
037  function putworld(world)
038      """worldの状態の出力"""
039      # worldの出力
040      for i = 1 : N
041          for j = 1 : N
042              print(world[i,j])
043          end
044          println()
```

```
045        end
046    end
047    # putworld()関数の終わり
048
049    # initworld()関数
050    function initworld(world)
051        """初期値の読み込み"""
052        chrworld =readlines()
053        # 内部表現への変換
054        for i = 1 : N
055            for j = 1 : N
056                world[i , j] = parse(Int,chrworld[i][j])
057            end
058        end
059    end
060    # initworld()関数の終わり
061
062    # nextt()関数
063    function nextt(world)
064        """worldの状態の更新"""
065        nextworld =zeros(Int , N, N) # 次世代
066        # ルールの適用
067        for i = 2 : N-1
068            for j = 2 : N - 1
069                nextworld[i,j] = calcnext(world, i, j)
070            end
071        end
072        # worldの更新
073        world .= nextworld
074    end
075    # nextt()関数の終わり
076
077    # calcnext()関数
078    function calcnext(world, i, j)
079        """1セルの状態の更新"""
080        no_of_one = 0  # 周囲にある状態1のセルの数
081        # 状態1のセルを数える
082        for x = i - 1 : i + 1
083            for y = j - 1 : j + 1
084                no_of_one += world[x , y]
085            end
```

```
086        end
087        no_of_one -= world[i , j]    # 自分自身はカウントしない
088        # 状態の更新
089        if no_of_one == 3
090            return 1              # 誕生
091        elseif no_of_one == 2
092            return world[i , j]  # 存続
093        else
094            return 0   # 上記以外
095        end
096 end
097 # calcnext()関数の終わり
098
099 # main()関数
100 function main()
101     world =  zeros(Int , N, N)
102     # world[][]への初期値の読み込み
103     initworld(world)
104     println("t=0")    # 初期時刻の出力
105     #putworld(world)   # world の状態の出力
106     gputworld(world) # グラフ表示
107
108     # 時間発展の計算
109     for t = 1 : MAXT
110         nextt(world)        # 次の時刻に更新
111         println("t=", t)  # 時刻の出力
112         #putworld(world)    # world の状態の出力
113         gputworld(world) # グラフ表示
114     end
115 end
116
117 # main()関数の実行
118 main()
119
120 # glife.jl の終わり
```

出力 4.4　glife.jl プログラムの実行結果

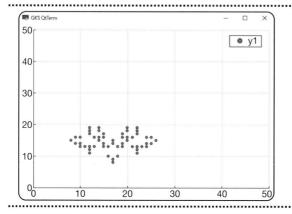

　glife.jl プログラムが life.jl プログラムと異なるのは、world の状態
の出力を行うために gputworld() 関数を利用している点です。gputworld
() 関数は 16 行目から始まります。gputworld() 関数の内部では、world[]
配列中に存在する生命の座標を調べて、その情報にもとづいて scatter() 関
数を用いて平面上にプロットしています。

　具体的には、19 行目から 28 行目において、配列 x[] と y[] に生物の存在
する場所の座標値を格納します。続いて 29 行目で表示のためのウィンドウを
設定し、30 行目で配列 x[] と y[] を用いて生物をウィンドウ上にプロットし
ます。その結果を 31 行目の display() 関数の呼び出しによって描画し、32
行目の sleep() 関数の呼び出しによって一定時間表示を続行します。

4.3　交通流シミュレーション

① 1 次元セルオートマトンによる交通流のシミュレーション

　本章の最後に、セルオートマトンを用いた交通流のシミュレーションを扱い
ます。ここでいう交通流とは、道路を走る複数の自動車の、全体としての流れ
方といった意味です。交通流のシミュレーションにより、交通渋滞のしくみの
解析などを行うことができます。ここでは、交通流をセルオートマトンを用い
て表現する方法を考えます。

　いま、図 4.15 のように一方通行の道路があったとします。ここに初期状態で自動車が左端に 3 台止まっているとします（図の(a)）。一番右側の自動車 V_1 は、前方が空いているのでそのまま発進することができます。しかし 2 番目と 3 番目の自動車である V_2 と V_3 は、前方に自動車がいるので動くことができません（図の(b)）。2 番目の自動車 V_2 が動けるのは、V_1 が先に進んで V_1 と V_2 に車間が生じたあとになります。V_2 が動くと、次は V_3 が動けるようになります（図の(c)）。

(a) 初期状態：自動車 V_1〜V_3 が左端に止まっている

(b) V_1 は発進できるが、V_2 と V_3 は前方に自動車がいるため動けない

(c) しばらくすると車間が生じるので、V_2 と V_3 も動けるようになる

図 4.15　3 台の自動車が一方通行の道路を右へ進む場合の交通流

　図 4.15 のような交通流を抽象化して、1 次元セルオートマトンで表現することを考えます。1 次元セルオートマトンの各セルには、1 台の自動車だけが存在することができるとします。セルの状態 1 を自動車が存在する状態とし、状態 0 を自動車がいない状態とします。

　セルオートマトンの左から右に自動車が進むことを考えると、状態遷移のルールはおおむね次のようになります。

(1) セル c_i に自動車がいる場合、セル c_i の右隣のセル c_{i+1} の状態が 0 の場合、セル c_i にいる自動車は次の時刻に右へ進むことができる（必ず右へ進む）。

(2) セル c_i に自動車がいない場合、セル c_i の左隣 c_{i-1} のセルに自動車がいれば、次の時刻にセル c_i は状態 1 となる。

以上を 1 次元セルオートマトンのルール形式に書き下すと、表 4.6 のように、ルール 184 を得ることができます。

表 4.6　ルール 184（交通流シミュレーションのルール）

$a_{i-1}^{tk},a_i^{tk},a_{i+1}^{tk}$	111	110	101	100	011	010	001	000
a_i^{tk+1}	1	0	1	1	1	0	0	0

以下では、ルール 184 にもとづくシミュレーションプログラムを作成します。本シミュレーションプログラムでは、左から右に向かう一方通行の道路上を、自動車が時刻に従って進みます。自動車は左端から流入し、右端から流出します。自動車の初期配置や流入量は、シミュレーションの初期条件として設定できるようにする必要があります。

図 4.16 に、ここで行う交通流シミュレーションの設定を示します。

左端から流入　　　　　　　　　　　　　　　　　　　　右端から流出

図 4.16　交通流シミュレーションの設定

② 交通流シミュレーションのプログラム

以下で作成する交通流シミュレーションプログラム traffic.jl は、基本的には先に示した 1 次元セルオートマトンのシミュレーションプログラム ca1.jl と同様の処理を行うプログラムです。異なるのは、ルールがルール 184 に固定されている点と、セルオートマトンの左端からの自動車の流入がある点です。そこで、これらの点を中心に ca1.jl プログラムを書き換えます。

書き換えの対象は、主として main() 関数です。ルール番号の設定をやめて、かわりに流入率の設定を行います。流入率は、何時刻ごとに自動車を 1 台流入させるかを整数で指定します。したがって、指定する数値が大きいほうが時間あたりの流入量が小さいことになります。

main() 関数では、毎時刻の状態更新前に自動車の流入処理を行います。その他出力形式などを、交通流シミュレーションの趣旨に合わせて若干変更します。

　以上の方針で作成した `traffic.jl` プログラムをリスト 4.5 に実行結果を出力 4.5 に示します。

リスト 4.5　`traffic.jl` プログラム（交通流シミュレーション）

```
001  # traffic.jl プログラム
002  # セルオートマトンにもとづく交通流シミュレーション
003  # ルールと初期状態から、時間発展を計算する
004  # 使い方 c:\>julia traffic.jl
005
006  # グローバル変数
007  N = 50        # セルの最大個数
008  R = 8         # ルール表の大きさ
009  MAXT = 50     # 繰り返しの回数
010  RULE = 184  # ルール番号(184 に固定)
011
012  # 下請け関数の定義
013  # setrule()関数
014  function setrule(rule,ruleno)
015      """ルール表の初期化"""
016      # ルール表の書き込み
017      for i = 1 : R
018          rule[i] = ruleno % 2
019          ruleno = ruleno ÷ 2  # 左シフト
020      end
021  end
022  # setrule()関数の終わり
023
024  # initca()関数
025  function initca(ca)
026      """セルオートマトンへの初期値の読み込み"""
027      # 初期値を読み込む
028      print("ca の初期値を入力してください:")
029      line = readline()
030      println()
031      # 内部表現への変換
032      for no = 1 : length(line)
033          ca[N - no] = parse(Int , line[no])
034      end
035  end
036  # initca()関数の終わり
```

```
037
038   # putca()関数
039   function putca(ca)
040       """ca の状態の出力"""
041       for no = N : -1 : 1
042           if ca[no] == 1
043               print('-')
044           else
045               print(' ')
046           end
047       end
048       println()
049   end
050   # putca()関数の終わり
051
052   # nextt()関数
053   function nextt(ca,rule)
054       """ca の状態の更新"""
055       nextca = zeros(Int , N)  # 次世代の ca
056       # ルールの適用
057       for i = 2 : N - 1
058           nextca[i] = rule[ca[i + 1] * 4 + ca[i] * 2 + ca
      [i - 1] + 1]
059       end
060       # ca の更新
061       ca .= nextca
062   end
063   # nextt()関数の終わり
064
065   # main()関数
066   function main()
067       # ルール表の初期化
068       print("流入率を入力してください:")
069       flowrate = parse(Int,readline())
070       println()
071       if flowrate <= 0
072           println("流入率が正しくありません(" , flowrate
      , ")")
073           exit()
074       end
075       rule = zeros(Int , R)  # ルール表の作成
```

```
076        setrule(rule, RULE)  # ルール表をセット
077        # セルオートマトンへの初期値の読み込み
078        ca = zeros(Int , N) # セルの並び
079        initca(ca)  # 初期値読み込み
080
081        # 時間発展の計算
082        for t = 1 : MAXT
083            nextt(ca, rule)  # 次の時刻に更新
084            if (t % flowrate) == 0
085                ca[N] = 1  # 自動車の流入
086            end
087            print("t=", t, "\t")
088            putca(ca)          # ca の状態の出力
089        end
090    end
091
092    # main() 関数の実行
093    main()
094
095    # traffic.jl の終わり
```

　出力 4.5 では、セルオートマトンの中央部分に自動車の連なりを記述してあります。出力 4.5 内の - は、自動車を表しています。

出力 4.5（a） `traffic.jl` プログラムの実行結果（流入がなく渋滞が解消していく例）

```
C:\ >julia traffic.jl
流入率を入力してください：100

ca の初期値を入力してください：000000111111111

t=1            -------- -
t=2            ------- - -
t=3            ------ - - -
t=4            ----- - - - -
t=5            ---- - - - - -
t=6            --- - - - - - -
t=7            -- - - - - - - -
t=8            - - - - - - - - -
t=9             - - - - - - - - -
t=10             - - - - - - - - -
t=11              - - - - - - - - -
t=12               - - - - - - - - -
t=13                - - - - - - - - -
t=14                 - - - - - - - - -
t=15                  - - - - - - - - -
t=16                   - - - - - - - - -
t=17                    - - - - - - - - -
（以下、出力が続く）
```

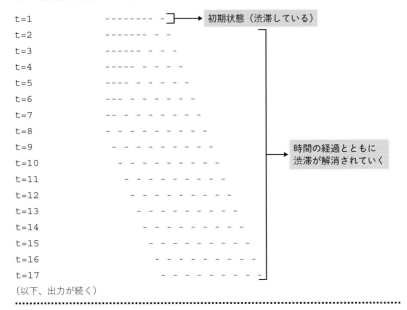

初期状態（渋滞している）

時間の経過とともに
渋滞が解消されていく

出力 4.5（a）では、流入率を 100 と指定することで、100 時刻ごとに 1 台の自動車を流入させています。この設定だと時刻 `t=9` までの範囲では自動車の流入がまったくなく、初期状態で設定した渋滞が、時刻の経過とともに解消されていく様子がシミュレートされています。

出力 4.5（b）　traffic.jl プログラムの実行結果
　　　　　　　（流入が多く渋滞の範囲が左に向けて移動していく例）

```
C:\ >Julia traffic.jl
流入率を入力してください：2

ca の初期値を入力してください：000000111111111111111

t=1                 --------------- -
t=2         -       -------------- - -
t=3          -      ------------- - - -
t=4       - -       ------------ - - -
t=5        - -      ----------- - - - -
t=6       - - -     ---------- - - - -
t=7       - - - -   --------- - - - -
t=8       - - - -   -------- - - - - -
t=9        - - - -  ------- - - - - - -
t=10      - - - - - ------ - - - - - - -
t=11       - - - - -------- - - - - - - -
t=12      - - - - ---------- - - - - - - -
t=13       - - - ------------ - - - - - - -
t=14      - - -------------- - - - - - - - -
t=15       - ------------------ - - - - - - -
t=16      - --------------------- - - - - - -
t=17       ----------------------- - - - - - - -
t=18      ----- --------------------- - - - - -
t=19      ----- --- ------------------- - - - - - -
t=20      ----- --- --- ------------------- - - -
t=21      - - ------- --- --- ------------------- -
t=22      - - - - - - - - - - - - - - - - - - - - -
```
（以下、出力が続く）

> 自動車の流入に伴って渋滞の範囲が左に向けて移動していく

　一方、出力 4.5（b）では、流入率を 2 に設定しているため左から自動車がどんどん流入してきます。時刻 t=10 ごろまでは渋滞の長さは短くなっていきますが、それ以降は、渋滞が解消されないまま範囲が左に移動しています。

　最後に、交通流シミュレーションプログラム traffic.jl をアニメーション風に可視化したプログラム gtraffic.jl をリスト 4.6 に、実行結果を出力 4.6 に示します。gtraffice.jl プログラムは、glife.jl プログラムの場合と同様に Plots パッケージを利用して計算結果を画面表示しています。

```
001  # gtraffic.jl プログラム
002  # セルオートマトンにもとづく交通流シミュレーション
003  # ルールと初期状態から、時間発展を計算する
004  # 使い方 c:\>julia gtraffic.jl
005
006  using Plots  # グラフ描画
007
008  # グローバル変数
009  N = 50       # セルの最大個数
010  R = 8        # ルール表の大きさ
011  MAXT = 50    # 繰り返しの回数
012  RULE = 184   # ルール番号(184 に固定)
013
014  # 下請け関数の定義
015  # gputca()関数
016  function gputca(ca)
017      """ca の状態の出力"""
018      x = []
019      y = []
020      for no = N : -1 : 1
021          if ca[no] == 1
022              push!(x , N - no + 1)
023              push!(y , 1 )
024          end
025      end
026      p = scatter(xlims=(0,N),ylims=(0,2)) # 表示ウィンドウ
作成
027      p = scatter!(x , y) # プロット
028      display(p) # 描画
029      sleep(0.5) # 待ち合わせ
030  end
031  # gputca()関数の終わり
032
033  # setrule()関数
034  function setrule(rule,ruleno)
035      """ルール表の初期化"""
036      # ルール表の書き込み
037      for i = 1 : R
038          rule[i] = ruleno % 2
```

```
039          ruleno = ruleno ÷ 2  # 左シフト
040      end
041 end
042 # setrule() 関数の終わり
043
044 # initca() 関数
045 function initca(ca)
046     """セルオートマトンへの初期値の読み込み"""
047     # 初期値を読み込む
048     print("ca の初期値を入力してください:")
049     line = readline()
050     println()
051     # 内部表現への変換
052     for no = 1 : length(line)
053         ca[N - no] = parse(Int , line[no])
054     end
055 end
056 # initca() 関数の終わり
057
058 # putca() 関数
059 function putca(ca)
060     """ca の状態の出力"""
061     for no = N : -1 : 1
062         if ca[no] == 1
063             print('-')
064         else
065             print(' ')
066         end
067     end
068     println()
069 end
070 # putca() 関数の終わり
071
072 # nextt() 関数
073 function nextt(ca,rule)
074     """ca の状態の更新"""
075     nextca = zeros(Int , N)  # 次世代の ca
076     # ルールの適用
077     for i = 2 : N - 1
078         nextca[i] = rule[ca[i + 1] * 4 + ca[i] * 2 + ca
    [i - 1] + 1]
```

```
079         end
080         # ca の更新
081         ca .= nextca
082    end
083    # nextt()関数の終わり
084
085    # main()関数
086    function main()
087        # ルール表の初期化
088        print("流入率を入力してください:")
089        flowrate = parse(Int,readline())
090        println()
091        if flowrate <= 0
092            println("流入率が正しくありません(", flowrate
, ")")
093            exit()
094        end
095        rule = zeros(Int , R)   # ルール表の作成
096        setrule(rule, RULE)   # ルール表をセット
097        # セルオートマトンへの初期値の読み込み
098        ca = zeros(Int , N)  # セルの並び
099        initca(ca)   # 初期値読み込み
100
101        # 時間発展の計算
102        for t = 1 : MAXT
103            nextt(ca, rule)   # 次の時刻に更新
104            if (t % flowrate) == 0
105                ca[N] = 1   # 自動車の流入
106            end
107            print("t=", t, "\t")
108            putca(ca)        # ca の状態の出力
109            gputca(ca)        # ca の状態の出力
110        end
111    end
112
113    # main()関数の実行
114    main()
115
116    # gtraffic.jl の終わり
```

出力 4.6　`gtraffic.jl` プログラムの出力画面例

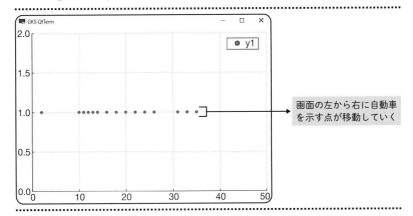

章末問題 4

（1）本章では、主として隣接するセルどうしの相互作用によって時間変化するセルオートマトンを示しました。しかし、これ以外の相互作用によるセルオートマトンを考えることもできます。たとえば一次元セルオートマトンで、隣接する両側のセルだけでなく、さらにその 1 つ先のセルまでが相互作用するセルオートマトンを考えることができます。こうしたセルオートマトンについて、シミュレーションプログラムを作成してみてください。

（2）セルオートマトンのシミュレーションでは、境界条件により結果が大きく異なります。本章では、主としてセルオートマトンの世界の外側は常に 0 であるとする**固定境界条件**（**fixed boundary condition**）のシミュレーションを扱いました。これに対して、**周期境界条件**（**periodic boundary condition**）を設定することも可能です。周期境界条件とは、ある境界が別の境界に連続しているとする境界条件です。1 次元セルオートマトンでいえば、左端が右端につながっているとするものであり、1 次元のセルの並びが輪になっていると考えます（図 4.17）。

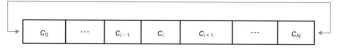

図 4.17　周期境界条件にもとづく 1 次元セルオートマトン（c_0 と c_N が隣接）

　2 次元セルオートマトンでも同様に、周期境界条件では、境界の上下および左右がそれぞれ隣接すると考えます。

　周期境界条件にもとづくシミュレーションプログラムは、本書に示した固定境界条件のプログラムを変更することで簡単に作成できます。プログラムを作成し、シミュレーションがどのように変化するか試してみてください。

（3）ライフゲームにおける生物の配置パターンについては、さまざまな研究があります。本書では配置パターンのごく一部の例を示しました。これらには名前が付いており、たとえば図 4.13 のパターンは、一般に「グライダー」と呼ばれています。ほかのさまざまな配置パターンについて、巻末に示した参考文献［5］などで調査し、シミュレーションを行ってください。

（4）本章で示した交通流のシミュレーションは、さまざまな拡張が可能です。たとえば右左折を加えたり、信号機を設置したりすることも可能です。また、上り下りの 2 車線を扱うような拡張も可能です。こうした拡張を試みてください。

第5章 乱数を使った確率的シミュレーション

　本章では、コンピュータシミュレーションで用いられる乱数について述べたのち、乱数を使った数値計算や、乱数にもとづくシミュレーションについて説明します。

5.1　擬似乱数

① 乱数と擬似乱数

　本書でこれまでに扱ってきたシミュレーションは、初期状態が決まるとシミュレーション結果が一意に決定されるものばかりでした。

　たとえば第2章で扱った荷電粒子の運動シミュレーションでは、粒子や場の初期状態が決まれば、その後の粒子の運動は何度計算しても同じ値に決まります。第3章のラプラスの方程式の境界値問題も、境界値が決まればやはり計算結果はいつも同じになります。第4章のセルオートマトンのシミュレーションも、初期状態によって結果が一意に定まります。

　しかし現実の現象では、同じ設定で実験を行っても結果が異なる場合が少なくありません。第2章の運動シミュレーションの例でいえば、現実世界では同じ設定で物体を射出しても、さまざまな要因により、いつも正確に同じ軌跡を描くことはないわけです。

　本項では、シミュレーションで必要とされる不規則性と、それを発生させる手段について確認します。

(1) シミュレーションと不規則性

　先に述べたとおり、現実世界では同じ設定で実験を行った場合でも、毎回同じ結果が得られるとは限りません。同じ粒子の運動でも、第2章の荷電粒子のシミュレーションとはまったく異なり、規則性なくランダムに運動するように見える場合すらあります。たとえば、液体中に浮遊する微粒子の示すブラウ

ン運動における軌跡は、きわめて不規則です。

このことを踏まえると、より現実的なシミュレーションを行うためには、計算の過程で不規則性が必要となる場合があります。たとえば第 4 章の自動車の渋滞シミュレーションは、現実の自動車渋滞のある特徴を抽象化してはいますが、シミュレーション結果にはいささか不自然な点があります。

その 1 つの原因として、第 4 章の traffic.jl プログラムでは、自動車の流入が規則的である点があります。現実の世界では、自動車が一定の間隔で流入することはまずありえないことです。したがって、不規則な時間間隔で流入させないと、シミュレーション結果が不自然になってしまいます。

こうしたことから、シミュレーションでは不規則性が要求される場合があります。シミュレーションに不規則さを持ち込む 1 つの方法は、**乱数（random number）**を用いることです。

乱数とは、ランダムに並んだ数の列の一つひとつの要素のことです。この説明では、「ランダムに並ぶとはどういう意味なのか」が問題になります。このことは乱数をなにに使うかによって決まりますが、ここでは「並びかたに規則性や前後の相関がなく、次の値を予想することができないような並び」であるとしましょう。

乱数を使えば、先に述べたような不規則性をシミュレーションに導入することが可能です。たとえば運動シミュレーションにわずかに乱数の要素を加えれば、同じ初期設定でも微妙に異なる運動を生じさせることが可能です。また、交通流のシミュレーションであれば、自動車の流入のタイミングを乱数で制御すれば、実際の交通流で見られるような交通流の不規則性をシミュレートすることが可能です。

（2）乱数の種類

さて、乱数はどうやって作るのでしょうか。本当にランダムな数の並びを手に入れたければ、量子論的な揺らぎに由来するような、本質的にランダムな物理現象を用いなければなりません。ランダムな物理現象による乱数を**物理乱数（physical random numbers）**と呼びます。

物理乱数を生成する電子装置や、物理乱数を記録したデータセットも存在しますが、コンピュータシミュレーションの世界ではあまり用いられません。特殊な装置やデータを用意することに相当な手間がかかるためだと思われます。

　シミュレーションでよく用いられるのは、**擬似乱数**（**pseudo random numbers**）と呼ばれる乱数です。擬似乱数は、計算によって求めた一見ランダムに見える数の並びです。したがって、計算アルゴリズムがわかれば擬似乱数の値を予想することは容易です。ですから、擬似乱数は本来の意味での乱数ではありません。

　しかしシミュレーションの計算を行ううえでは、シミュレーションの目的を達成できる範囲で数がランダムに並んでいれば、擬似乱数を乱数として扱うことは可能です。そこで以下では、擬似乱数を単に乱数と呼ぶことにしましょう。

　以下では、乱数生成アルゴリズムについて検討したうえで、乱数を用いた数値計算のアルゴリズムを示します。前者については Julia の基本的な機能のみを用いてプログラムを作成し、後者については Julia に用意されている乱数機能を活用することにしましょう。

② 乱数生成アルゴリズム

　ここでは、Julia の基本的な機能のみを用いて乱数を生成する方法を検討します。

　乱数を生成するアルゴリズムにはいろいろな種類があります。そのなかで古くから広く用いられている簡便なアルゴリズムに、**線形合同法**（**linear congruential generator**）と呼ばれるアルゴリズムがあります。

　線形合同法にもとづく乱数生成プログラムは簡単に作成できます。また、古くから使われていたため、乱数生成アルゴリズムとしての問題点も明確です。そこで以下では、線形合同法を例に、乱数生成アルゴリズムに要求される性質について検討します。

　線形合同法は、C 言語など古くから利用されているプログラミング言語の乱数生成関数において、生成の基礎となるアルゴリズムとして広く使われています。ただし、数値計算やシミュレーションで用いることを考えると、線形合同法には後述のように大きな問題があります。このため、Julia の乱数生成モジュールでは線形合同法は用いられていません。Julia の乱数生成機能については、本節の「③ Julia の乱数生成モジュール」で取り上げます。

　さて、線形合同法のアルゴリズムは、非常に簡単です。乱数系列 $R_1, R_2, ...R_i, R_{i+1}, ...$ において、以下の式(1)により次の値を順に計算します。

$$R_{i+1} = (aR_i + c)\%m \qquad\qquad\qquad (1)$$

ただし、a, c, m は正の整数であり、% はモジュロ演算子（剰余演算子）

式(1)で、通常 m は R_1 のビット幅に依存して決定されます。たとえば R_i が 32 ビットの整数であれば、m を 2^{32} とすることができます。m を小さくすると乱数の周期が短くなってしまい、同じ並びが現れやすくなりますから、m は大きく取るほうが有利です。

式(1)の a と c は、乱数の性質に大きな影響を与えます。適切に選ぶと、周期が長くランダムな乱数系列を得ることができます。逆に不適切な選択をすると、乱数としての性質が失われます。巻末に示した参考文献［3］では、m を 2^{32} とする場合について、

$a = 1664525$

$c = 1013904223$

を適切な値として例示しています。この値を用いて、線形合同法（式(1)）により乱数の列を生成するプログラム r.jl をリスト 5.1 に、実行結果を出力 5.1 に示します。

リスト 5.1　r.jl プログラム（線形合同法による乱数の列の生成）

```
001  # r.jl プログラム
002  # 擬似乱数生成プログラム
003  # 線形合同法による擬似乱数生成プログラム
004  # 使い方 c:\>julia r.jl
005
006  # グローバル変数
007  LIMIT = 50  # 生成する乱数の個数
008
009  # main()関数
010  function main()
011      # 初期値の入力
012      print("初期値を入力:")
013      r = parse(Int,readline())
014      # 乱数の生成
015      for i = 1 : LIMIT
016          r = (1664525 * r + 1013904223) % (2 ^ 32)
017          println(r)
```

```
018        end
019   end
020
021   # main()関数の実行
022   main()
023
024   # r.jl の終わり
```

出力 5.1　r.jl プログラムの実行結果の例

```
C:\>julia r.jl
初期値を入力:7
1025555898
3923423697
2630631676
3981355051
211918734
3675562389
1550419440
228089999
295425186
4225977241
(以下、出力が続く)
```

　出力 5.1 を見ると、一見、ランダムな数値が順に出力されているように見えます。しかし実は、これらの数値には乱数らしからぬ規則性が潜んでいます。

　実は、この出力は奇数と偶数が交互に並んでいます。出力された数値を 2 進数で考えると、奇数と偶数が交互に並ぶことは「2 進数の最下位桁では 0 と 1 を交互に繰り返している」ことになります。これは線形合同法の欠点の 1 つです。一般に線形合同法は、最下位桁だけでなく、下位の桁は上位の桁と比較して繰返し周期が短くランダムさに欠けるという特徴があります。

　この特徴を考えると、線形合同法にもとづく乱数の特定のビット位置を取り出して乱数として利用することは避けるべきです。とくに、繰り返しの周期が短い、下位の桁を取り出す操作はよくありません。

　たとえば 0 から 7 の 8 種類の数字からなる乱数の系列を作るつもりで次のようなプログラムを作ると、まったくランダムでない数字の列ができあがります。このプログラムコードはモジュロ演算子 % を用いて、r を 2 進数で表示

した場合の下位3桁を取り出しているからです。

```
    # 乱数の生成
    for i = 1 : LIMIT
        r = (1664525 * r + 1013904223) % (2 ^ 32)
        print(r%8)   #モジュロ8(%8)で下位3桁を取り出す
    end
```

　このプログラムを初期値r=0として実行すると、出力結果は次のようなきわめて周期の短い「72143650」の繰り返しとなります。

```
72143650721436507214365072143650721436507214365072・・・
〰〰〰〰〰〰〰〰
72143650 を繰り返している
```

　ほかにも、線形合同法には「ある数値に続く次の数値が1通りに決まっている」という欠点があります。このことは、式(1)より明らかです。そのため、たとえば連続する乱数2個を平面座標 (x, y) に割り当てると、ある x に対応する y の値は1通りしか存在しないことになります。また、線形合同法による乱数の系列では、いくら長い系列を観測しても同じ数字が隣接して並ぶことはありません。これは、乱数としては非常に不自然な特徴です。

　なお、線形合同法などのおもな乱数生成アルゴリズムは、乱数の値の分布が一様な**一様乱数**（**uniform random numbers**）を生成します。分布が正規分布に従う**正規乱数**（**normal random numbers**）など一様ではない分布をもった乱数もありますが、以下では主として一様乱数を扱います。

③ Julia の乱数生成モジュール
　Julia では、乱数生成モジュールとして **Random** モジュールが用意されています。Random モジュールは、**メルセンヌツイスタ**（**Mersenne twister**）と呼ばれる乱数生成アルゴリズムを用いており、線形合同法に見られるような欠点が大きく改善されています。Random モジュールの利用例である random-ex.jl プログラムをリスト 5.2 に示します。

リスト 5.2　randomex.jl プログラム（Random モジュールによる乱数生成）

```
001  # randomex.jl プログラム
002  # 擬似乱数生成プログラム
003  # Random モジュールの使用例
004  # 使い方 c:\>julia randomex.jl
005
006  using Random # Random モジュールを利用
007
008  # グローバル変数
009  LIMIT = 20   # 生成する乱数の個数
010
011  # main()関数
012  function main()
013      # 初期値の入力
014      print("シードを入力:")
015      s = parse(Int,readline())
016      # 乱数の初期化
017      Random.seed!(s)
018      # 乱数の生成
019      for i = 1 : LIMIT
020          println(rand())
021      end
022  end
023
024  # main()関数の実行
025  main()
026
027  # randomex.jl の終わり
```

randomex.jl プログラムの実行結果を、出力 5.2 に示します。この実行結果において、rand() は [0,1] の区間の浮動小数点数をランダムに返します。以下では、Random モジュールを用いて乱数の応用プログラムを記述することにします。

図 5.2 **randomex.jl** プログラムの実行結果の例

```
C:\>julia randomex.jl
シードを入力:7
0.24379531091456585
0.7191824542790012
0.8108139133625801
0.46579702241727805
0.9430483355925062
0.0635932010247322
0.8800044943869846
0.8449245855506718
0.36777764617526365
0.212185573786624914
(以下、出力が続く)
```

5.2 乱数と数値計算

本節では、乱数を利用した計算手法として、「乱数による数値積分」と「乱数を用いた最適化手法」について紹介します。

① 数値積分と乱数

乱数による数値積分について説明する前に、まず、数値積分そのものについて説明しましょう。

(1) 台形公式による方法

関数 $f(x)$ の **数値積分**（**numerical integration**）とは、「関数 $f(x)$ 上の点 $x_0, x_1, ...x_n$ が与えられたときに、$f(x_0), f(x_1), ...f(x_n)$ の値を用いて関数 $f(x)$ の積分値 $\int_{x_0}^{x_n} f(x)dx$ の値を数値的に計算すること」をいいます。

数値積分の手法は古くから研究されており、さまざまな公式が存在します。そのなかでも **台形公式**（**trapezoid rule**）は、数値積分の基本的な考え方を与える公式の 1 つです。

台形公式では、関数 $f(x)$ のある区間 $[x_i, x_{i+1}]$ を直線で近似します（図 5.1）。すると、区間 $[x_i, x_{i+1}]$ の積分値は図 5.1 の台形部分の面積となるので、

次のように近似できます。

$$\int_{x_i}^{x_{i+1}} f(x)dx \fallingdotseq \frac{f(x_i)+f(x_{i+1})}{2} \times (x_{i+1}-x_i)$$

$$= \frac{f(x_i)+f(x_{i+1})}{2} \times h \tag{2}$$

ただし、$h = x_{i+1} - x_i$

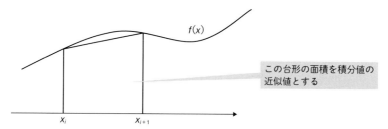

図 5.1　台形公式では、関数 $f(x)$ のある区間 $[x_i, x_{i+1}]$ を直線で近似する

関数 $f(x)$ 上の点 $x_0, x_1, ...x_n$ が間隔 h で等間隔に並んでいるとすると、式 (2) より $\int_{x_0}^{x_n} f(x)dx$ の値は次のように近似できます。

$$\int_{x_0}^{x_n} f(x)dx = \frac{f(x_0)+f(x_1)}{2} \times h + \frac{f(x_1)+f(x_2)}{2} \times h + \cdots + \frac{f(x_{n-1})+f(x_n)}{2} \times h$$

$$= \left(\frac{f(x_0)}{2} + f(x_1) + f(x_2) + \cdots + f(x_{n-1}) + \frac{f(x_n)}{2} \right) \times h \tag{3}$$

この方法で、図 5.2 に示す 4 分円の面積を求めるプログラム trape.jl を、リスト 5.3 に示します。

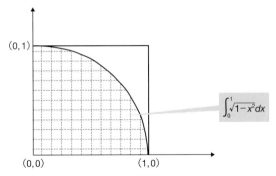

図 5.2 　4 分円の面積を求める数値積分の例題

リスト 5.3　trape.jl プログラム（台形公式により 4 分円の面積を求める）

```
001  # trape.jl プログラム
002  # 数値積分プログラム
003  # 台形公式を使って数値積分を行う
004  # 区間は 0～1 に固定してある
005  # 使い方 c:\>julia trape.jl
006
007  # 下請け関数の定義
008  # fx()関数
009  """積分対象の関数"""
010  function fx(x)
011      sqrt(1.0 - x * x)
012  end
013  # fx()関数の終わり
014
015  # main()関数
016  function main()
017      # 試行回数 n の入力
018      print("区間分割数 N を入力してください:")
019      n = parse(Int,readline())
020      # 刻み幅 h の計算
021      h = 1.0 / n
022      # 積分値の計算
023      integral = fx(0.0) / 2.0
024      for i = 1 : n
025          integral += fx(float(i) / n)
```

```
026     end
027     integral += fx(1.0) / 2.0
028     integral *= h
029     # 結果の出力
030     println("積分値 I   ", integral, "     4I   ", 4 * in-
   tegral)
031   end
032
033   # main() 関数の実行
034   main()
035
036   # trape.jl の終わり
```

　出力 5.3 に、trape.jl プログラムの実行例を示します。このように、trape.jl プログラムは最初に区間分割数を読み込みます。その後、積分結果 I 及び積分結果を 4 倍した値 4I を出力します。

　出力 5.3 から明らかなように、trape.jl プログラムの実行する積分の厳密値は $\pi/4$ です。区間分割数を増やすにつれ、4I の値が $\pi=3.1415926535\cdots$ に近づいている様子がわかります。

出力 5.3　trape.jl プログラムの実行結果の例

```
C:\> julia trape.jl
区間分割数 N を入力してください：1000
積分値 I   0.7853888667277558     4I   3.141555466911023
C:\> julia trape.jl
区間分割数 N を入力してください：10000
積分値 I   0.7853978694028302     4I   3.1415914776113207
C:\> julia trape.jl
区間分割数 N を入力してください：100000
積分値 I   0.785398154100502     4I   3.141592616402008
C:\> julia trape.jl
区間分割数 N を入力してください：1000000
積分値 I   0.7853981631034941     4I   3.1415926524139763
```

区間分割数を増やすにつれ
4I の値が π に近づく

trape.jl プログラムの内部構造を簡単に説明します。trape.jl プログラムは、メイン実行部と、被積分関数 $f(x)$ を計算する fx() 関数から構成されています。

　main() 関数の 18 行目〜21 行目では、区間分割数 n の値を読み込み、刻み幅 h の値を計算します。続く 23 行目〜28 行目が、台形公式の計算です。23 行目と 27 行目は両端の値の計算であり、24 行目の for 文は両端を除いた部分の計算です。28 行目では、刻み幅 h を乗算します。main() 関数の最後にある 30 行目の println() 関数により、結果を出力します。

　fx() 関数の定義はごく簡単で、実質的には、関数の値を計算するための sqrt() 関数の呼び出しだけで構成されています。以上のように、trape.jl プログラムはごく簡単なプログラムです。

(2) 乱数を用いた数値積分による方法

　次に、**乱数を用いた数値積分**について説明します。先の例と同じく、4 分円の求積を例題とします。乱数を用いた数値積分では、ランダムに打った点が 4 分円にあたるかどうかの割合で 4 分円の面積を求めます。

　図 5.3 のように、正方形領域内に乱数を使ってランダムに点をプロットしていきます。すると、打った点の総数に対する 4 分円内部の点の数の比は、4 分円の面積の近似値となります。図 5.3 では、10 個の点のうち 8 個の点が 4 分円の内部に含まれています。そこで 4 分円の面積の近似値 I は、

$$\text{積分値 } I = \frac{8}{10} = 0.8$$

であるとします。点の数を増やしていくと、近似の精度が向上することが期待されます。

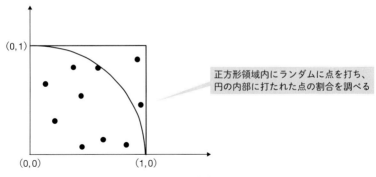

正方形領域内にランダムに点を打ち、
円の内部に打たれた点の割合を調べる

図 5.3　4 分円の面積を求める乱数を用いた数値積分

　以上の方針で乱数による数値積分を行うプログラムである ri.jl をリスト
5.4 に、実行結果を出力 5.4 に示します。リスト 5.4 では、100 万点を使った
数値積分を 10 回の異なる乱数系列で実行しています。結果として、3 桁程度
の精度を得ています。

リスト 5.4　ri.jl プログラム（乱数による数値積分を行う）

```
001   # ri.jl プログラム
002   # 乱数による数値積分プログラム
003   # 擬似乱数を使って数値積分を行う
004   # 使い方 c:\>julia ri.jl
005
006   using Random # Random モジュールを利用
007
008   # グローバル変数
009   SEED = 1  # 乱数の種
010   R = 10     # 実験の繰り返し回数
011
012   # main() 関数
013   function main()
014       # 試行回数 n の入力
015       print("試行回数 n を入力してください:")
016       n = parse(Int,readline())
017       # 乱数の初期化
018       Random.seed!(SEED)
019       # 積分実験の繰り返し
020       for r = 1 : R
```

```
021            integral = 0
022            # 積分値の計算
023            for i = 1 : n
024                x = rand()
025                y = rand()
026                if (x * x + y * y) <= 1    # 円の内部
027                    integral += 1
028                end
029            end
030            # 結果の出力
031            res = float(integral) / n
032            println("積分値 I  ", res, "     4I  ", 4 * res)
033        end
034 end
035
036 # main()関数の実行
037 main()
038
039 # ri.jl の終わり
```

出力 5.4　ri.jl プログラムの実行例

```
C:\ >julia ri.jl
試行回数 n を入力してください:1000000
積分値 I  0.785407    4I  3.141628
積分値 I  0.784772    4I  3.139088
積分値 I  0.785441    4I  3.141764
積分値 I  0.785027    4I  3.140108
積分値 I  0.784856    4I  3.139424
積分値 I  0.785514    4I  3.142056
積分値 I  0.78543     4I  3.14172
積分値 I  0.785331    4I  3.141324
積分値 I  0.785614    4I  3.142456
積分値 I  0.785335    4I  3.14134


C:\ >
```

　ri.jl プログラムの構成を説明します。ri.jl プログラムでは、Julia の Random モジュールを用いて乱数を生成し、図 4.3 で説明した手続きに従って数値積分を行います。実行時には、1 回の数値積分で発生する点の個数を指定します。数値積分は、異なる乱数の並びによって 10 回繰り返します。

　ri.jl プログラムの main() 関数では、はじめに発生する点の個数についての処理を行います（15 行目と 16 行目）。18 行目では Random.seed!() を用いて、乱数の初期値を設定します。20 行目の for 文では、異なる乱数の並びによる 10 回の繰り返しを設定しています。

　その後、23 行目〜29 行目の for 文で、先に説明した手続きに従って数値積分を行います。その結果を 32 行目の println() 関数により出力します。

　以上、同じ関数の数値積分を、台形公式と乱数にもとづく方法で実行しました。台形公式は単純な公式ですが、上例のように被積分関数 $f(x)$ が連続でなめらかな関数であれば、分割数を増やすことでそれなりの精度をもった計算が可能です。

　これに対して、乱数を用いた数値積分は、計算量が大きいにもかかわらず精度はよくありません。乱数による数値積分は、被積分関数 $f(x)$ の性質が悪くほかの数値積分法では計算が困難な場合に用いる、特殊な方法であると考えるべきでしょう。

② 乱数と最適化

　乱数を使った計算手法の例として、**組み合わせ最適化問題**を解く方法を示します。組み合わせ最適化問題の典型例として、ここでは**ナップサック問題**（**knapsack problem**）を取り上げます。

　ナップサック問題は、制限重量のあるナップサックに、価値と制限重量が決まっている複数の荷物を詰め込む問題です（図 5.4）。

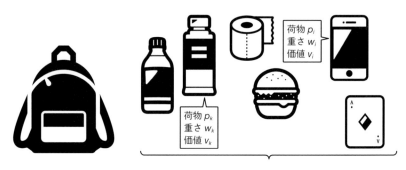

ナップサック
制限重量 *W limit*

\>

荷物の合計重量 ∑*w*

ナップサック問題
∑*w* が *W limit* を超えることなく、荷物の価値の合計値 ∑*v* が
できるだけ大きくなるように荷物を詰め合わせる

図 5.4 ナップサック問題

　ナップサック問題では、ナップサックの制限重量を超えることなく、なるべ
く荷物の価値の合計値が大きくなるように荷物を詰めなければなりません。ある
荷物のセットとナップサックに対して価値が最大となる荷物の組み合わせを、
最適解（optimal solution） あるいは **厳密解（exact solution）** と呼びます。

　ナップサック問題は、荷物の組み合わせで最適解を求める組み合わせ最適化
問題の典型例です。簡単な例題を使って具体的に説明しましょう。いま、10
個の荷物が表 5.1 のように与えられたとします。これらのなかから荷物を選
び、制限重量 250 以内で価値を最大化することを考えます。

表 5.1 ナップサック問題の例題（10 個の荷物、制限重量 250）

番号	1	2	3	4	5	6	7	8	9	10
重さ	87	66	70	25	33	24	89	63	23	54
価値	96	55	21	58	41	81	8	99	59	62

　たとえば、番号 1 から順に番号順で荷物を詰めてみましょう。すると、図 5.5 のように 5 個詰めたところで制限重量をオーバーしてしまいます。この方法では、番号 1 から 4 の荷物を詰めた時点での価値の合計は 230 です（図 5.5）。

番号	1	2	3	4	5	6	7	8	9	10
重さ	87	66	70	25	33	24	89	63	23	54
価値	96	55	21	58	41	81	8	99	59	62

1 番目〜 4 番目	合計重量 Σw：248 合計価値 Σv：230

1 番目〜 5 番目	合計重量 Σw：281 **重量オーバー**

図 5.5　荷物の詰め方の例①（表 5.1 の例題）

　しかし、この詰め方は最適とはいえません。たとえば 1 番目の荷物の代わりに 6 番目と 8 番目の荷物を詰めれば、より高い価値を得ることができます（図 5.6）。

番号	1	2	3	4	5	6	7	8	9	10
重さ	87	66	70	25	33	24	89	63	23	54
価値	96	55	21	58	41	81	8	99	59	62

2〜4 番目 + 6 番目 + 8 番目	合計重量 Σw：248 合計価値 Σv：314

図 5.6　荷物の詰め方の例②（表 5.1 の例題）

　この問題の最適解は「4、5、6、8、9 および 10 番目の荷物を詰める」ことで、合計重量は 222、合計価値は 400 となります（図 5.7）。この答えは、すべての荷物の組み合わせを確かめることで導き出せます。

番号	1	2	3	4	5	6	7	8	9	10
重さ	87	66	70	25	33	24	89	63	23	54
価値	96	55	21	58	41	81	8	99	59	62

4〜6 番目 +	合計重量 $\sum w$：222
6〜10 番目	合計価値 $\sum v$：400

図 5.7　荷物の詰め方の例③（表 5.1 の例題の最適解）

　ナップサック問題の最適解を解析的に求める方法は知られていないので、基本的には、最適解を求めるためにはすべての組み合わせを調べる必要があります。しかし荷物の個数が 1 つ増えるごとに組み合わせの数が 2 倍になるので、力ずくの総当たり法では、荷物の数が数十程度までの場合しか求めることができません。そこで、探索を工夫する手段として、一般に**動的計画法**（**dynamic programming**）や**分枝限定法**（**branch and bound method**）などが用いられます。

　ここでは、最適解を求める代わりに、乱数を使って比較的優良な解を求めることを考えます。ナップサック問題の解は、どの荷物をナップサックに詰めるかによって表されます。そこで、乱数を使ってナップサックにランダムに荷物を詰め、その結果を評価します。これを繰り返すことで、制限重量を超えないで価値が最大となる荷物の組み合わせを探します。要するに「適当にナップサックに荷物を詰めて、その結果を試すことで解を見つける」という方針です。

　ランダムに荷物を詰めて評価するというアイデアにもとづいた、ナップサック問題解法プログラム rkp.jl について、構成方法を考えます。rkp.jl プログラムは、表 5.2 に示す入力を受け取ります。また、計算の結果として、表 5.3 に示す項目を出力します。なお、荷物の個数や荷物の重さと価値のデータなどの、表 5.2 に示す項目以外の設定項目は、あらかじめソースコードに埋め込んでおくことにします。

表 5.2　rkp.jl プログラムの入力項目

項目名	説明
制限重量	ナップサックに詰めることのできる総重量
試行回数	1 回の探索における乱数発生回数

表 5.3　rkp.jl プログラムの出力項目

項目名	説明
価値の最大値	試行により発見された価値の最大値
解	上記最大値を得るための荷物の詰め方 荷物を詰めるか否かを 1 または 0 で表現

rkp.jl プログラムは、main() 関数のほか、実際に問題を解くための solvekp() 関数や、solvekp() 関数から呼び出される複数の下請けの関数で構成することにします。表 5.4 に、それぞれの関数の役割の説明を示します。

表 5.4　rkp.jl プログラムを構成する関数

関数名	説明
solvekp()	乱数を用いて解を求める
rsetp()	乱数によって荷物を詰め合わせる
calcval()	評価値の計算
calcw()	重量の計算

以上の構成に従って作られた、ランダムに荷物を詰め込んでナップサック問題を解くプログラム rkp.jl をリスト 5.5 に、その出力結果の例を出力 5.5 (a)に示します。

リスト 5.5　rkp.jl プログラム（ナップサック問題を解く）

```
001  # rkp.jl プログラム
002  # ナップサック問題をランダム探索で解くプログラム
003  # 使い方 c:\>julia rkp.jl
```

```
004
005  using Random # Random モジュールを利用
006
007  # グローバル変数
008  weights = [87, 66, 70, 25, 33, 24, 89, 63, 23, 54]  #
     重さ
009  values  = [96, 55, 21, 58, 41, 81, 8, 99, 59, 62]  #
     価値
010  N = length(weights)  # 荷物の個数
011  SEED = 32767      # 乱数の種
012  R = 10           # 実験の繰り返し回数
013
014  # 下請け関数の定義
015  # solvekp()関数
016  function solvekp(p, weightlimit, nlimit, N)
017     """問題を解く"""
018     maxvalue = 0  # 合計価値の最大値
019     mweight = 0   # maxvalue 時の重さ
020     bestp = zeros(Int , N)
021     for i = 1 : nlimit
022         rsetp(p, N)  # 乱数による荷物の詰め合わせ
023         weight = calcw(p, N)
024         if weight <= weightlimit    # 制限重量以内
025             value = calcval(p, N)   # 評価値の計算
026         else
027             value = 0  # 重量オーバー
028         end
029         if value > maxvalue  # 最良解を更新
030             maxvalue = value
031             mweight = weight
032             for j = 1 : N
033                 bestp[j] = p[j]
034             end
035         end
036     end
037     println(maxvalue, "  ", mweight)
038     println(bestp)
039  end
040  # solvekp()関数の終わり
041
042  # calcw()関数
```

```
043    function calcw(p, N)
044        """重量の計算"""
045        w = 0
046        for i = 1 : N
047            w += weights[i] * p[i]
048        end
049        return w
050    end
051    # calcw()関数の終わり
052
053    # calcval()関数
054    function calcval(p, N)
055        """評価値の計算"""
056        v = 0
057        for i= 1 : N
058            v += values[i] * p[i]
059        end
060        return v
061    end
062    # calcval()関数の終わり
063
064    # rsetp()関数
065    function rsetp(p, N)
066        """乱数による荷物の詰め合わせ"""
067        for i = 1 : N
068            p[i] = floor(Int , (rand() * 2))
069        end
070    end
071    # rsetp()関数の終わり
072
073    # main()関数
074    function main()
075        p = zeros(Int , N)   # 問題の答え
076        # 制限重量の入力
077        print("制限重量を入力してください:")
078        weightlimit = parse(Int,readline())
079        # 試行回数の入力
080        print("試行回数を入力してください:")
081        nlimit = parse(Int,readline())
082        # 乱数の初期化
083        Random.seed!(SEED)
```

```
084
085        # 問題を解く
086        # 実験の繰り返し
087        for i = 1 : R
088            solvekp(p, weightlimit, nlimit, N)
089        end
090    end
091
092    # main()関数の実行
093    main()
094
095    #rkp.jl の終わり
```

出力 5.5（a） rkp.jl プログラムの実行結果の例（荷物が 10 個の場合）

```
C:\ >julia rkp.jl
制限重量を入力してください：250
試行回数を入力してください：200
400 222
[0, 0, 0, 1, 1, 1, 0, 1, 1, 1]
393 234
[0, 1, 0, 1, 1, 1, 0, 1, 1, 0]
397 246
[1, 0, 0, 1, 1, 1, 0, 0, 1, 1]
393 222
[1, 0, 0, 1, 0, 1, 0, 1, 1, 0]
342 197
[0, 0, 0, 0, 1, 1, 0, 1, 1, 1]
359 189
[0, 0, 0, 1, 0, 1, 0, 1, 1, 1]
393 222
[1, 0, 0, 1, 0, 1, 0, 1, 1, 0]
356 225
[0, 1, 0, 1, 1, 1, 0, 0, 1, 1]
359 238
[0, 0, 1, 1, 1, 1, 0, 1, 1, 0]
397 246
[1, 0, 0, 1, 1, 1, 0, 0, 1, 1]
C:\ >
```

荷物 10 個、乱数生成 200 回の実験
（10 回繰り返し）

たまたま最適解（価値の合計 400）
が見つかっている

150

　この実行例は、表 5.1 に示した荷物 10 個を詰め合わせる例題の実行例を示しています。200 回の乱数生成による実験を 10 回繰り返すと、生成された乱数の系列によって、価値の合計が 342 から 400 のあいだで求まります。

　10 個の荷物の詰め方は $2^{10} = 1024$ 通りですから、200 回の試行では、すべての解のうちの 2 割程度を調べていることになります。この程度の試行でもたまたま厳密解（400）が見つかる回がありますし、見つからない場合でも比較的良好な解を見つけることができています。

　では、荷物の数が増えたらどうなるのでしょうか。rkp.jl の初期設定を変更し、荷物の個数を 30 個として実行した例を、次ページの出力 5.5(b)に示します。なお、変更後のソースコードである rkp30.jl を付録 D に示します。

　出力 5.5(b)の行例では、1 万回の乱数生成によって 1078 から 1126 の値が求まりました。全数探索によって求めた最適解は 1257 です。荷物の数が 30 個ということは、すべての解の組み合わせは $2^{30} \fallingdotseq$ 11 億通りですから、この例では解のごく一部を調べているに過ぎません。それにもかかわらず、1000 以上の価値をもつ解を見つけられることがわかります。

　これらの結果から、乱数による最適化で最良解が求まる保証はありませんが、まずますの解をすばやく求めることができることがわかります。

```
C:\ >julia rkp30.jl
制限重量を入力してください：750
試行回数を入力してください：10000
1101 714
[0, 0, 0, 1, 1, 1, 1, 1, 1, 0, 1, 1, 0, 0, 1, 0, 0, 0, 0, 1,
1, 1, 0, 0, 1, 1, 1, 1, 0, 1]
1118 745
[0, 1, 0, 1, 1, 1, 0, 1, 1, 0, 1, 1, 0, 0, 1, 1, 1, 0, 0, 0,
1, 1, 1, 0, 1, 1, 1, 0, 0, 0]
1079 733
[0, 0, 0, 1, 1, 1, 0, 1, 1, 1, 1, 1, 1, 0, 0, 0, 0, 0, 1, 0,
1, 1, 1, 0, 1, 1, 1, 0, 1, 0]
1078 712
[1, 1, 0, 1, 0, 1, 0, 1, 1, 0, 1, 1, 0, 0, 1, 1, 0, 0, 0, 1,
1, 1, 0, 0, 1, 0, 1, 0, 0, 1]
1126 734
[1, 0, 0, 1, 1, 1, 0, 1, 1, 1, 0, 1, 0, 0, 1, 1, 0, 0, 0, 0,
0, 1, 1, 0, 0, 1, 1, 1, 0, 1]
1102 745
[1, 0, 0, 1, 0, 1, 0, 1, 1, 0, 1, 1, 1, 0, 1, 1, 1, 0, 0, 0,
0, 1, 1, 0, 0, 1, 1, 0, 0, 0]
1091 738
[0, 1, 0, 1, 0, 1, 0, 1, 1, 0, 1, 1, 1, 0, 0, 0, 1, 1, 0, 0,
1, 1, 0, 0, 0, 1, 1, 1, 0, 1]
1073 688
[1, 1, 0, 1, 0, 1, 0, 1, 0, 0, 0, 1, 1, 0, 1, 0, 0, 1, 0, 1,
1, 1, 0, 0, 1, 1, 1, 0, 0, 1]
1065 674
[1, 0, 1, 1, 1, 1, 0, 0, 1, 1, 1, 1, 0, 0, 1, 0, 0, 0, 0, 0,
1, 1, 0, 0, 0, 1, 1, 0, 0, 1]
1083 738
[0, 1, 0, 0, 1, 1, 0, 1, 1, 1, 1, 1, 0, 0, 1, 0, 1, 1, 0, 0,
1, 1, 0, 0, 1, 1, 1, 0, 0, 0]
C:\ >
```

荷物 30 個、乱数生成 1 万回の実験
（10 回繰り返し）

5.3　乱数を使ったシミュレーション

①　ランダムウォーク

　乱数を直接的に応用したシミュレーションの例として、**ランダムウォーク**（**random walk**）シミュレーションを取りあげます。ランダムウォークとは、進む方向や歩幅がランダムに決まる歩行で、**酔歩**とも呼ばれます。ランダムウォークは物理現象のシミュレーションだけでなく、経済学における経済現象のモデル化などにも応用されています。

　1 次元のランダムウォークでは、乱数により決められた距離だけ、単位時刻ごとに x 軸上を点が移動します。乱数の発生区間を正負とも含めれば、乱数の符号によって点は右や左に移動します。

　2 次元のランダムウォークでは、単位時間ごとに乱数の値を座標値に加算します。図 5.8 は 100 ステップのランダムウォークの例です。乱数は -1 から 1 の範囲で生成されており、図内の線は生成された座標値を結んだものです。

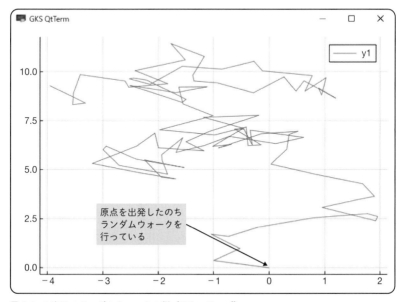

図 5.8　2 次元のランダムウォークの例（100 ステップ）

② ランダムウォークシミュレーション

2次元のランダムウォークシミュレーションを行うプログラムである、randwalk.jl を作成しましょう。randwalk.jl プログラムは、原点 $(0, 0)$ からスタートして、1ステップごとに区間 $[-1, 1]$ の乱数を各座標に加えることでランダムウォークをシミュレートします。

randwalk.jl プログラムは、入力としてシミュレーションの打ち切りステップと乱数の初期値を受け取ることにします。出力は x 座標と y 座標の組とします。

以上の前提で構成した randwalk.jl プログラムをリスト 5.6 に、randwalk.jl プログラムの実行結果の例を出力 5.6 に示します。

リスト 5.6　randwalk.jl プログラム（ランダムウォーク）

```
001  # randwalk.jl プログラム
002  # ランダムウォークシミュレーション
003  # 擬似乱数を使って 2 次元平面を酔歩する
004  # 使い方 c:\>julia randwalk.jl
005
006  using Random  # Random モジュールを利用
007
008  # main() 関数
009  function main()
010      # 試行回数 n の初期化
011      print("試行回数 n を入力してください:")
012      n = parse(Int,readline())
013      # 乱数の初期化
014      print("乱数の種を入力してください:")
015      seed = parse(Int,readline())
016      Random.seed!(seed)
017      # ランダムウォーク
018      x = 0.0
019      y = 0.0
020      for i = 1 : n
021          x += (rand(Float64) - 0.5) * 2
022          y += (rand(Float64) - 0.5) * 2
023          println(x , "  " , y)  # 位置
024      end
025  end
026
```

```
027    # main()関数の実行
028    main()
029
030    # randwalk.jl の終わり
```

出力 5.6　randwalk.jl プログラムの実行結果の例

```
C:\>julia randwalk.jl
試行回数 n を入力してください：1000
乱数の種を入力してください：1
-0.8532672910614143  -0.3015170208856277
-0.4556139236784773  -0.04498754020062434
0.3742440836471854   -0.6593713077088734
0.9146047794185181   -0.0983327803585008
1.2551326961075056   -0.7629085674166471
1.3973075947922797   -0.8572913928499506
1.0019585386280232   -1.8545908370005053
（以下、出力が続く）
```

→ x 座標と y 座標の組を出力

randwalk.jl プログラムの実行結果を可視化するプログラムである
grandwalk.jl を、リスト 5.7 に示します。

リスト 5.7　grandwalk.jl プログラム（可視化機能追加）

```
001    # grandwalk.jl プログラム
002    # ランダムウォークシミュレーション
003    # 擬似乱数を使って 2 次元平面を酔歩する
004    # グラフ描画機能付き
005    # 使い方 c:\>julia grandwalk.jl
006
007    using Random # Random モジュールを利用
008    using Plots  # グラフ描画
009
010    # main()関数
011    function main()
012        # 試行回数 n の初期化
013        print("試行回数 n を入力してください:")
014        n = parse(Int,readline())
015        # 乱数の初期化
016        print("乱数の種を入力してください:")
017        seed = parse(Int,readline())
```

```
018        Random.seed!(seed)
019      # ランダムウォーク
020      x = 0.0
021      y = 0.0
022    # グラフデータに初期位置を追加
023      xlist=[x]
024      ylist=[y]
025      for i = 1 : n
026          x += (rand(Float64) - 0.5) * 2
027          y += (rand(Float64) - 0.5) * 2
028          println(x , "   " , y)  # 位置
029        # グラフデータに現在位置を追加
030          push!(xlist,x)
031          push!(ylist,y)
032      end
033      # グラフの表示
034      p = plot(xlist, ylist) # グラフをプロット
035      display(p)             # 描画
036      readline(stdin)        # Enter キーを待つ
037
038 end
039
040 # main()関数の実行
041 main()
042
043 # grandwalk.jl の終わり
```

　grandwalk.jl プログラムの実行例を、出力 5.7 に示します。(a)と(b)は異なる乱数の種に対する結果であり、グラフの形状が大きく異なっています。

出力 5.7　grandwalk.jl プログラムの実行結果の例

....

(a) 試行回数 1000 回、乱数の種 1 の場合

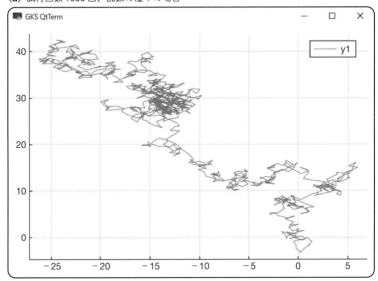

(b) 試行回数 1000 回、乱数の種 32767 の場合

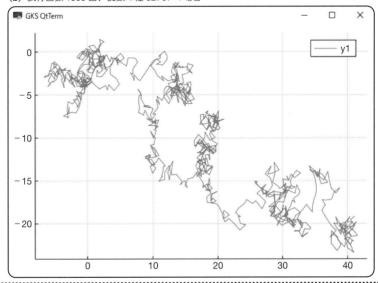

....

5.4 Julia のパッケージの活用

本章の最後に、本章で扱った話題に関連する Julia のパッケージの活用例を示します。本章では、数値積分の例として trape.jl プログラムを作成しました。しかし実際には、Julia には簡単に数値積分を行うパッケージ、**QuadGK** が用意されています。

リスト 5.8 に trape.jl と同様の数値積分を行うプログラムである quadgktrape.jl を、出力 5.8 に実行結果の例を示します。

リスト 5.8 scipytrape.jl プログラム（trape.jl と同様の数値積分を行う）

```
001  # quadgktrape.jl プログラム
002  # 数値積分プログラム
003  # QuadGK パッケージを使って数値積分を行います
004  # 使い方 c:\>julia quadgktrape.jl
005
006  using QuadGK # 数値積分パッケージの利用
007
008  # 下請け関数の定義
009  # fx() 関数
010  """積分対象の関数"""
011  function fx(x)
012      sqrt(1.0 - x * x)
013  end
014  # fx() 関数の終わり
015
016  # main() 関数
017  function main()
018      ans = quadgk(fx , 0 , 1)
019      # 結果の出力
020      print("積分値 I  ", ans[1] , "      4I  ", 4 * ans[1])
021  end
022
023  # main() 関数の実行
024  main()
025
026  # quadgktrape.jl の終わり
```

出力 5.8　quadgktrape.jl プログラムの実行結果

```
C:\ >julia quadgktrape.jl
積分値 I   0.7853981639783117    4I   3.141592655913247


C:\ >
```

quadgktrape.jl プログラムでは、QuadGK パッケージを利用しています。
QuadGK パッケージを利用するためには、あらかじめ付録 A の手順に従って
QuadGK パッケージをインストールしておく必要があります。

　QuadGK パッケージによる数値積分は、以下に示す 18 行目の記述のみで実
行できます。

```
018        ans = quadgk(fx , 0 , 1)
```

　ここで、fx は積分対象の関数であり、プログラムの 9 行目からその定義が
記述されています。残りの 2 つの引数は、積分の区間（ここでは 0 から 1 ま
で）を与えています。

　このように Julia では、適切なモジュールを選択することで簡単にプログラ
ムを記述することが可能です。

章末問題 5

（1）ある擬似乱数が乱数として役に立つかどうかを調べるには、乱数の**検定**を行わなければなりません。本章で扱った一様乱数については、乱数の値の出現頻度が本当に一様であるかどうかを検定する方法があります。この検定には、統計的な検定手法であるカイ二乗検定がよく用いられます。

一様性以外にも、乱数系列の相関性を調べるなど、乱数の検定方法にはさまざまな手法が提案されています。そこで、乱数の検定手法について調査してみてください。

（2）本文では数値積分の公式として台形公式を示しました。台形公式は 1 次の近似ですが、付録 E には、2 次の近似にもとづく**シンプソンの公式**（**Simpson's rule**）を示しました。付録 E に従って、シンプソンの公式を用いたプログラムを作成してください。

（3）ナップサック問題を解くためには、基本的にはすべての荷物の組み合わせを調べて、制限重量以内で価値が最大となる組み合わせを見つける必要があります。そこで、すべての荷物の組み合わせを調べるプログラムを作成してください。また、より高速な探索手法である動的計画法や分枝限定法についても試してみてください。

第6章 エージェントベースのシミュレーション

本章では、エージェントにもとづくシミュレーションの方法を紹介します。エージェントの考え方は、これまで示したさまざまなシミュレーション技術を統合できるものであり、シミュレーションのプログラミングに大変有効です。Julia でエージェントシミュレーションを実現する方法について、実例を示して説明します。

6.1 エージェントとは

① エージェントの考え方

エージェントシミュレーションにおける**エージェント**（**agent**）とは、内部状態をもっていて外界とやりとりをすることのできるプログラムのことです。ここで**外界**とは、エージェントの置かれた環境であったり、同じ環境内にいるほかのエージェントであったりします。一般にエージェントは、あらかじめ与えられた情報にもとづいて、自律的に処理を進めることができます。

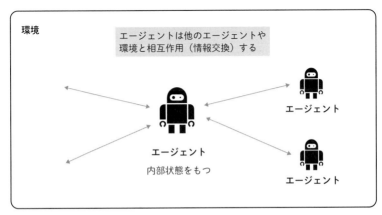

図 6.1 エージェント

エージェントの考え方は、たとえばネットワークプログラミングの世界で用いられています。具体例として、「受信したメールを自律的に検査し必要性を判断したうえでユーザに提示するエージェント」や、「ネットワーク上で与えられた条件に従って自律的に情報検索を行うエージェント」などがあります。

これらのエージェントは、ネットワークという外界と相互作用しながら、自律的に情報処理を行います。この場合のエージェントは、ネットワーク環境のなかで活動する、ソフトウェア製のロボットのような存在です。

エージェントの考え方は、シミュレーションの世界でも有用です。プログラムにより仮想世界を構築し、そのなかでソフトウェア製のロボットであるエージェントを動かすことで、さまざまなシミュレーションを行うことができます。とくに、複数のエージェントを同一環境内で動作させる**マルチエージェント（multi agent）**の枠組みを用いると、大勢の人間の挙動や動物の群れの様相など、物理的シミュレーションだけでは再現の難しい社会現象や集団の挙動等をシミュレートすることが可能です。

② Julia によるエージェントシミュレーションの実現

次に、Julia を用いてエージェントシミュレーションを行う方法について考えます。シミュレーション対象として、2次元平面を移動する複数のエージェントを考えます。エージェントは、内部状態をもち環境やほかのエージェントと相互作用します（図 6.2）。

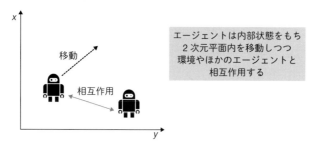

図 6.2　2次元平面を移動するエージェントのシミュレーション

　はじめに、内部状態をもった 1 つのエージェントが平面上を運動する**シン
グルエージェントシミュレーション**を行います。エージェントに関する情報と
して、エージェントの存在する座標やエージェントの行動を決定する行動プロ
グラム、エージェントの内部状態を記述した情報などが必要となります。

　そこで、これらの情報を、Julia の複合型のデータとして定義します。表 6.1
に、エージェントの情報を格納する Agent 型変数の内部構造を示します。

表 6.1　エージェントの情報を格納する **Agent** 型の内部構造

Agent 型	
フィールド	**役割**
category::Int	エージェントのカテゴリ
x::Float64 y::Float64	エージェントの x 座標及び y 座標
dx::Float64 dy::Float64	各座標の増分の初期値

　表 6.1 で、Agent 型変数の最初のフィールドである category はエージェ
ントの種類を表し、この値によってエージェントを制御する関数を切り替える
ことにします。フィールド x とフィールド y は、エージェントの位置座標を
格納します。フィールド dx とフィールド dy は、各座標の増分の初期値を記
憶するための変数です。Julia で Agent 型の定義を記述すると、リスト 6.1 の
ようになります。ここでは、Agent 型の変数が書き換え可能となるように、
mutable struct という書き出しで定義しています。

リスト 6.1　**Julia による Agent 型の定義**

```
# Agent 型の定義
mutable struct Agent
    category::Int  # カテゴリ
    x::Float64      # x 座標
    y::Float64      # y 座標
    dx::Float64    # x 座標の増分
    dy::Float64    # y 座標の増分
end
```

後述するマルチエージェントへの拡張を考えて、複数のエージェントの情報を保持できるように Agent 型変数のリスト as[] を用意します。リスト as[] の各要素は、各々のエージェントを表しているとみなすことができます。

　最初に行うのはシングルエージェントシミュレーションなので、以下のようにエージェントを 1 つだけ生成します。

```
as = [Agent(0,0,0,0,1)]  # カテゴリ 0 のエージェントを生成
```

　エージェントは時刻に従って状態が変化します。状態の更新は、これまでのシミュレーションで行ってきた方法と同様に、for 文などを使って時刻を管理する変数を更新します。リスト 6.2 に、時刻更新の繰り返しを示します。

リスト 6.2　時刻ごとの更新の繰り返し
（**a**）main() 関数における次時刻の状態更新計算（時刻ごとに calcn() 関数を呼び出す）

```
    # エージェントシミュレーション
    for t = 1 : TIMELIMIT
        calcn(as)   # 次時刻の状態を計算
    end
```

（**b**）calcn() 関数内での処理（各エージェントについて calcnext() 関数と putstate() 関数を呼び出す）

```
# calcn()関数
function calcn(as)
    """次時刻の状態を計算"""
    for a in as
        calcnext(a)
        putstate(a)
    end
end
# calcn()関数の終わり
```

　リスト 6.2(a) にある calcn() 関数は、システムに存在するすべてのエージェントの更新を行うための下請け関数であり、マルチエージェントシミュレーションに対応するための関数です。ただし、最初に考えるシングルエージェントシミュレーションプログラムの場合には、単に calcnext() 関数と putstat() 関数を 1 回ずつ呼び出すだけのあまり意味をもたない関数です。

　リスト 6.2(b) の calcnext() 関数は、カテゴリごとに指定された関数に従って、エージェントの状態の更新を行います。calcnext() 関数の処理は、おおむねリスト 6.3 のようになります。プログラム内の cat0() 関数や cat1() 関数は、それぞれの処理を担当する関数です。

リスト 6.3　calcnext() 関数の処理の概略

```
        if category==0
            cat0()# カテゴリ 0 の計算
        elseif category==1
            cat1()# カテゴリ 1 の計算
            :
(以下、カテゴリの種類だけ elseif の連鎖が続く)
            :
        else # 合致するカテゴリがない
            println(" ERROR カテゴリがありません \n")
        end
```

　あとは、エージェントの具体的な行動をカテゴリごとに cat0() 関数や cat1() 関数に記述することで、エージェントシミュレーションのプログラムができあがります。

　以上の準備に従って、1 つのエージェントが平面内を運動するシミュレーションプログラム sa0.jl を作成します。sa0.jl プログラムのエージェントは、原点からジグザグに座標の右上に向かって運動するよう設定します。このためには、エージェントの内部状態である属性値 dx と dy に x 軸と y 軸方向の速度を保存し、この値を使って次の時刻の座標値を計算します。また、速度を 1 時刻ずつ変更することで、ジグザグ運動を実現します。

　以上の準備をもとに構成した sa0.jl プログラムをリスト 6.4 に、実行結果を出力 6.4 に示します。

リスト 6.4　sa0.jl プログラム（シングルエージェントシミュレーション）

```
001  # sa0.jl プログラム
002  # シンプルなエージェントシミュレーション
003  # 2 次元平面内で動作するエージェント
004  # 使い方 c:\>julia sa0.jl
005
006  # グローバル変数
```

```
007    TIMELIMIT = 100   # シミュレーション打ち切り時刻
008
009    # Agent 型の定義
010    mutable struct Agent
011        category::Int  # カテゴリ
012        x::Float64      # x 座標
013        y::Float64      # y 座標
014        dx::Float64     # x 座標の増分
015        dy::Float64     # y 座標の増分
016    end
017
018    # 下請け関数の定義
019    # calcnext()関数
020    function calcnext(a)
021        """次時刻の状態の計算"""
022        if a.category == 0
023            cat0(a)# カテゴリ 0 の計算
024        else # 合致するカテゴリがない
025            print(" ERROR カテゴリがありません \n")
026        end
027    end
028    # calcnext()関数の終わり
029
030    # cat0()関数
031    function cat0(a)
032        """カテゴリ 0 の計算"""
033        # 内部状態の更新
034        a.dx = reverse(a.dx)
035        a.dy = reverse(a.dy)
036        # 内部状態によって次の座標を決定
037        a.x += a.dx
038        a.y += a.dy
039    end
040    # cat0()関数の終わり
041
042    # reverse()関数
043    function reverse(i)
044        """cat0()関数の下請け関数"""
045        if i == 0
046            return 1
047        else
```

```
048            return 0
049        end
050    end
051    # reverse()関数の終わり
052
053    # putstate()関数
054    function putstate(a)
055        """状態の出力"""
056        println(a.x," ",a.y)
057    end
058    # putstate()関数の終わり
059
060    # calcn()関数
061    function calcn(as)
062        """次時刻の状態を計算"""
063        for a in as
064            calcnext(a)
065            putstate(a)
066        end
067    end
068    # calcn()関数の終わり
069
070    # main()関数
071    function main()
072        # 初期化
073        as = [Agent(0,0,0,0,1)] # カテゴリ 0 のエージェントを生成
074        putstate(as[1])
075        # エージェントシミュレーション
076        for t = 1 : TIMELIMIT
077            calcn(as)  # 次時刻の状態を計算
078        end
079    end
080
081    # main()関数の実行
082    main()
083
084    # sa0.jl の終わり
```

出力 6.4 sa0.j1 プログラムの実行結果の例

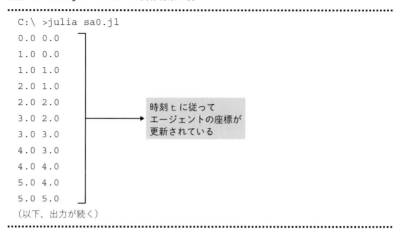

```
C:\ >julia sa0.jl
0.0 0.0
1.0 0.0
1.0 1.0
2.0 1.0
2.0 2.0
3.0 2.0
3.0 3.0
4.0 3.0
4.0 4.0
5.0 4.0
5.0 5.0
（以下、出力が続く）
```

時刻 t に従って
エージェントの座標が
更新されている

　このシミュレーション結果を可視化するプログラム gsa0.jl をリスト 6.5 に、実行結果の例を出力 6.5 に示します。gsa0.jl プログラムを実行すると、原点からエージェントがジグザグに進む様子が観測できます。なお、gsa0.jl プログラムで利用する Plots パッケージのインストールについては、付録 A を参照してください。

リスト 6.5 gsa0.j1 プログラム（可視化機能追加）

```
001  # gsa0.jl プログラム
002  # シンプルなエージェントシミュレーション
003  # 2次元平面内で動作するエージェント
004  # 結果をグラフ描画する
005  # 使い方 c:\>julia gsa0.jl
006
007  using Plots  # グラフ描画
008
009  # グローバル変数
010  TIMELIMIT = 100  # シミュレーション打ち切り時刻
011  W = 60 # 表示領域の大きさ
012
013  # Agent 型の定義
014  mutable struct Agent
015      category::Int # カテゴリ
016      x::Float64    # x 座標
```

```
017        y::Float64      # y 座標
018        dx::Float64     # x 座標の増分
019        dy::Float64     # y 座標の増分
020    end
021
022    # 下請け関数の定義
023    # gput()関数
024    function gput(as)
025        """状態のグラフ出力"""
026        x = []
027        y = []
028        for a in as
029            push!(x , a.x)
030            push!(y , a.y)
031        end
032        p = scatter(xlims=(0,W),ylims=(0,W))# 表示ウィンドウ
    作成
033        p = scatter!(x , y) # プロット
034        display(p) # 描画
035        sleep(0.5) # 待ち合わせ
036    end
037    # gput()関数の終わり
038
039    # calcnext()関数
040    function calcnext(a)
041        """次時刻の状態の計算"""
042        if a.category == 0
043            cat0(a)# カテゴリ 0 の計算
044        else # 合致するカテゴリがない
045            print(" ERROR カテゴリがありません \n")
046        end
047    end
048    # calcnext()関数の終わり
049
050    # cat0()関数
051    function cat0(a)
052        """カテゴリ 0 の計算"""
053        # 内部状態の更新
054        a.dx =  reverse(a.dx)
055        a.dy =  reverse(a.dy)
056        # 内部状態によって次の座標を決定
```

```
057        a.x += a.dx
058        a.y += a.dy
059    end
060    # cat0()関数の終わり
061
062    # reverse()関数
063    function reverse(i)
064        """cat0()関数の下請け関数"""
065        if i == 0
066            return 1
067        else
068            return 0
069        end
070    end
071    # reverse()関数の終わり
072
073    # putstate()関数
074    function putstate(a)
075        """状態の出力"""
076        println(a.x," ",a.y)
077    end
078    # putstate()関数の終わり
079
080    # calcn()関数
081    function calcn(as)
082        """次時刻の状態を計算"""
083        for a in as
084            calcnext(a)
085            putstate(a)
086        end
087    end
088    # calcn()関数の終わり
089
090    # main()関数
091    function main()
092        # 初期化
093        as = [Agent(0,0,0,0,1)] # カテゴリ0のエージェントを生成
094        putstate(as[1])
095        gput(as)     # グラフ出力
096        # エージェントシミュレーション
097        for t = 1 : TIMELIMIT
```

```
098             calcn(as)    # 次時刻の状態を計算
099             gput(as)     # グラフ出力
100         end
101     end
102
103     # main()関数の実行
104     main()
105
106     # gsa0.jl の終わり
```

出力 6.5　gsa0.jl プログラムの実行結果の例

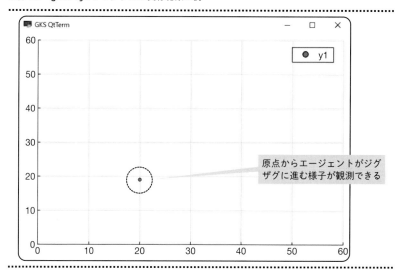

③ マルチエージェントへの拡張

　シングルエージェントのシミュレーションプログラム sa0.jl を拡張して、複数のエージェントが動作する**マルチエージェント**のプログラムを作成しましょう。このプログラムを sa1.jl と名づけます。

　sa1.jl プログラムでは、複数のエージェントにランダムウォークをさせてみます。sa0.jl プログラムからの変更点は、マルチエージェント化のためのメイン実行部の変更と、cat0()関数の変更です。

　まず、N 個のエージェントを生成するために、エージェントの初期化部分を次のように変更します。

```
as = [Agent(0,0,0,0,1)]# カテゴリ0のエージェントを生成
```

　　↓マルチエージェント化

```
as = [Agent(0,0,0)for i =1 : N]# カテゴリ0のエージェントを生成
```

　sa1.jlプログラムのcat0()関数では、次の時刻のエージェントの位置を、次のように乱数で決定します。

```
# 次の座標を乱数によって決定
a.x += (rand() - 0.5) * 2
a.y += (rand() - 0.5) * 2
```

　以上の変更を加えたsa1.jlプログラムをリスト6.6に、実行結果の例を出力6.6に示します。

リスト6.6　sa1.jlプログラム（マルチエージェントシミュレーション）

```
001  # sa1.jl プログラム
002  # シンプルなエージェントシミュレーション
003  # 2 次元平面内で動作するエージェント
004  # 複数のエージェントがランダムウォークする
005  # 使い方 c:\>julia sa1.jl
006
007  using Random # Random モジュールを利用
008
009  # グローバル変数
010  N = 10          # エージェントの個数
011  TIMELIMIT = 100  # シミュレーション打ち切り時刻
012  SEED = 65535    # 乱数の種
013
014  # Agent 型の定義
015  mutable struct Agent
016      category::Int # カテゴリ
017      x::Float64    # x 座標
018      y::Float64    # y 座標
019  end
020
021  # 下請け関数の定義
```

```
022    # calcnext()関数
023    function calcnext(a)
024        """次時刻の状態の計算"""
025        if a.category == 0
026            cat0(a) # カテゴリ 0 の計算
027        else # 合致するカテゴリがない
028            print(" ERROR カテゴリがありません \n")
029        end
030    end
031    # calcnext()関数の終わり
032
033    # cat0()関数
034    function cat0(a)
035        """カテゴリ 0 の計算"""
036        # 次の座標を乱数によって決定
037        a.x += (rand() - 0.5) * 2
038        a.y += (rand() - 0.5) * 2
039    end
040    # cat0()関数の終わり
041
042    # putstate()関数
043    function putstate(a)
044        """状態の出力"""
045        println(a.x," ",a.y)
046    end
047    # putstate()関数の終わり
048
049    # calcn()関数
050    function calcn(as)
051        """次時刻の状態を計算"""
052        for a in as
053            calcnext(a)
054            putstate(a)
055        end
056    end
057    # calcn()関数の終わり
058
059    # main()関数
060    function main()
061        # 初期化
062        as = [Agent(0,0,0) for i =1 : N] # カテゴリ 0 のエー
```

```
          ジェントを生成
063
064       # エージェントシミュレーション
065       for t = 1 : TIMELIMIT
066           println(" t=" , t)
067           calcn(as)  # 次時刻の状態を計算
068       end
069   end
070
071   # main()関数の実行
072   main()
073
074   # sa1.jl の終わり
```

出力 6.6　sa1.jl プログラムの実行結果の例

```
C:\ >julia sa1.jl
t=1
0.2643738525549011 0.40445582959229553
-0.9384795633518097 -0.06518694138746284
-0.3015029589048983 0.8594196042767892
0.20794740681113977 -0.7771859577640239
0.6287006782371765 0.30913317527029327
-0.11359665225199511 0.177277128657501
-0.37495273004987206 0.8188996618979791
0.8649967118981188 0.7313886824579445
0.0912431688744666 0.6933177791290657
0.9135135959571075 -0.9145781102014217
t=2
-0.21646910645480633 0.667095939514494
-0.7992152068020968 1.2171056200880903
1.2604032700008423 0.3424107751292298
(以下、出力が続く)
```

　このシミュレーション結果を可視化するプログラム gsa1.jl をリスト 6.7 に、実行結果の例を出力 6.7 に示します。gsa1.jl プログラムを実行すると、複数のエージェントがランダムに移動する様子が観測できます。

リスト 6.7　gsa1.jl プログラム（可視化機能追加）

```
001   # gsa1.jl プログラム
```

174

```
002   # シンプルなエージェントシミュレーション
003   # 2次元平面内で動作するエージェント
004   # 複数のエージェントがランダムウォークする
005   # 結果をグラフ描画する
006   # 使い方 c:\>julia gsa1.jl
007
008   using Random # Random モジュールを利用
009   using Plots  # グラフ描画
010
011   # グローバル変数
012   N = 100          # エージェントの個数
013   TIMELIMIT = 100  # シミュレーション打ち切り時刻
014   SEED = 65535     # 乱数の種
015   W = 20           # 表示領域の大きさ
016
017   # Agent 型の定義
018   mutable struct Agent
019       category::Int # カテゴリ
020       x::Float64    # x 座標
021       y::Float64    # y 座標
022   end
023
024   # 下請け関数の定義
025   # gput() 関数
026   function gput(as)
027       """状態のグラフ出力"""
028       x = []
029       y = []
030       for a in as
031           push!(x , a.x)
032           push!(y , a.y)
033       end
034       p = scatter(xlims=(-W,W),ylims=(-W,W)) # 表示ウィンド
      ウ作成
035       p = scatter!(x , y) # プロット
036       display(p) # 描画
037       sleep(0.2) # 待ち合わせ
038   end
039   # gput() 関数の終わり
040
041   # calcnext() 関数
```

```
042  function calcnext(a)
043      """次時刻の状態の計算"""
044      if a.category == 0
045          cat0(a)  # カテゴリ0の計算
046      else  # 合致するカテゴリがない
047          print(" ERROR カテゴリがありません \n")
048      end
049  end
050  # calcnext()関数の終わり
051
052  # cat0()関数
053  function cat0(a)
054      """カテゴリ0の計算"""
055      # 次の座標を乱数によって決定
056      a.x += (rand() - 0.5) * 2
057      a.y += (rand() - 0.5) * 2
058  end
059  # cat0()関数の終わり
060
061  # putstate()関数
062  function putstate(a)
063      """状態の出力"""
064      println(a.x," ",a.y)
065  end
066  # putstate()関数の終わり
067
068  # calcn()関数
069  function calcn(as)
070      """次時刻の状態を計算"""
071      for a in as
072          calcnext(a)
073          putstate(a)
074      end
075  end
076  # calcn()関数の終わり
077
078  # main()関数
079  function main()
080      # 初期化
081      Random.seed!(SEED)
082      as = [Agent(0,0,0) for i =1 : N]  # カテゴリ0のエー
```

```
         ジェントを生成
083
084      # エージェントシミュレーション
085      for t = 1 : TIMELIMIT
086          println(" t=" , t)
087          calcn(as)   # 次時刻の状態を計算
088          gput(as)    # グラフ出力
089      end
090  end
091
092  # main()関数の実行
093  main()
094
095  # gsa1.jl の終わり
```

出力 6.7　gsa1.jl プログラムの実行結果の例

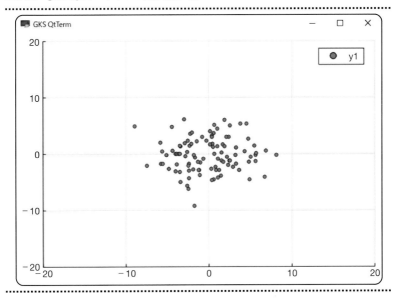

④ 相互作用するマルチエージェント

　マルチエージェントシミュレーションでは、エージェントどうしの相互作用が重要です。そこで、sa1.jl プログラムを改造して、エージェントとほかのエージェントとの相互作用のシミュレーションを行いましょう。

具体的には、エージェントを以下の2種類に分けることにします。

1. ランダムウォークを行うエージェント　　：Ar（sa1.jl と同じ）
2. 平面の右上に向けて直進するエージェント：As（sa0.jl と同じ）

この2種類のエージェントを、同じ平面上で動作させます。両者の相互作用として、ランダムウォークエージェント Ar が直進エージェント As と一定距離以内に接近すると、Ar はランダムウォークをやめて As と同じように直進し始めることにします。つまり、Ar は As に近づくと As に変身します（図6.3）。

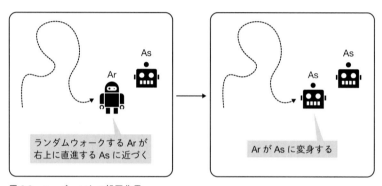

図 6.3　エージェントの相互作用

2種類のエージェントが相互作用するプログラム sa2.jl は、sa1.jl プログラムと大きな違いはありません。エージェントの各カテゴリの動作処理関数である cat0()関数と cat1()関数を、さきほどの説明に合致するように作成するだけです。sa2.jl プログラムをリスト 6.8 に、実行結果の例を出力 6.8 に示します。

リスト 6.8　sa2.jl プログラム（2 種類のエージェントの相互作用）

```
001  # sa2.jl プログラム
002  # シンプルなエージェントシミュレーション
003  # 2 次元平面内で動作するエージェント
004  # 2 種類のエージェントが相互作用します
005  # 使い方 c:\>julia sa2.jl
006
```

```julia
007  using Random # Random モジュールを利用
008
009  # グローバル変数
010  N = 30              # エージェントの個数
011  TIMELIMIT = 100    # シミュレーション打ち切り時刻
012  SEED = 65535       # 乱数の種
013  R=0.1  # 近隣を規定する数値
014  DX=0.1 # カテゴリ 1 のエージェントの速度
015  DY=0.1 # カテゴリ 1 のエージェントの速度
016
017  # Agent 型の定義
018  mutable struct Agent
019      category::Int # カテゴリ
020      x::Float64      # x 座標
021      y::Float64      # y 座標
022  end
023
024  # 下請け関数の定義
025  # calcnext()関数
026  function calcnext(a , as)
027      """次時刻の状態の計算"""
028      if a.category == 0
029          cat0(a , as) # カテゴリ 0 の計算
030      elseif a.category == 1
031          cat1(a , as) # カテゴリ 1 の計算
032      else # 合致するカテゴリがない
033          print(" ERROR カテゴリがありません \n")
034      end
035  end
036  # calcnext()関数の終わり
037
038  # cat0()関数
039  function cat0(a , as)
040      """カテゴリ 0 の計算"""
041      # カテゴリ 1 のエージェントとの距離を調べる
042      for ai in as
043          if ai.category == 1
044              c0x = a.x
045              c0y = a.y
046              ax = ai.x
047              ay = ai.y
```

```
048            if((c0x-ax) * (c0x-ax) + (c0y-ay) * (c0y-
    ay)) <R
049                # 隣接してカテゴリ1のエージェントがいる
050                a.category = 1  # カテゴリ1に変身
051            else  # カテゴリ1は近隣にはいない
052                a.x += rand() - 0.5
053                a.y += rand() - 0.5
054            end
055        end
056    end
057 end
058 # cat0()関数の終わり
059
060 # cat1()関数
061 function cat1(a , as)
062    """カテゴリ1の計算"""
063    a.x += DX
064    a.y += DY
065 end
066 # cat1()関数の終わり
067
068 # putstate()関数
069 function putstate(a)
070    """状態の出力"""
071    println(a.category," ",a.x," ",a.y)
072 end
073 # putstate()関数の終わり
074
075 # calcn()関数
076 function calcn(as)
077    """次時刻の状態を計算"""
078    for a in as
079        calcnext(a ,as)
080        putstate(a)
081    end
082 end
083 # calcn()関数の終わり
084
085 # main()関数
086 function main()
087    # 初期化
```

```
088        Random.seed!(SEED)
089        as =[Agent(0,0,0)for i =1 : N] # カテゴリ 0 のエージェ
     ントを生成
090        # カテゴリ 1 のエージェントの設定
091        as[1].category = 1
092        as[1].x = -2
093        as[1].y = -2
094
095        # エージェントシミュレーション
096        for t = 1 : TIMELIMIT
097            println(" t=" , t)
098            calcn(as)   # 次時刻の状態を計算
099        end
100    end
101
102    # main()関数の実行
103    main()
104
105    # sa2.jl の終わり
```

出力 6.8　sa2.jl プログラムの実行結果の例

```
C:\ > julia sa2.jl
t=1
-1.9 -1.9
0 0.04460504729467385 0.3105700979744327
0 0.39421287685726425 0.2880969299412913
0 -0.3222229234582328 -0.17046249720254858
0 0.06522356801576923 -0.33561067948596657
0 0.4171081866507431 0.1499519382424448
0 0.00855441533990664 -0.4491769468837796
0 0.2912103458485563 -0.31696233499220006
0 -0.06418874959086818 0.08882485554285924
0 0.46081411112302795 0.13865730914230046
(以下、出力が続く)
t=2
1 -1.7999999999999998 -1.7999999999999998
0 0.1776720707505105 0.6003084848917254
0 0.2910050852693219 -0.04205004458283523
0 -0.7055111710832214 -0.18153463096257327
0 -0.1637839295866348 0.02029443492128291
```

181

```
0 0.2504041495759056 0.5190804528530937
(以下、出力が続く)
t=20
1 6.38378239159465e-16 6.38378239159465e-16
0 0.7330097127888577 0.8318574673599473
0 -0.5192248037748413 -1.28415438879167
0 -1.3528117886817483 1.2017873030768624
0 -2.5606739523719657 0.7793952143387284
1 -0.289793997664179 0.33340554540085315
0 1.1180942180067766 -0.5975051575561396
0 2.061448117820641 1.8486309945347603
0 -3.275777529992545 -2.575223249638753
0 2.1112835760921844 -4.862384093172624
1 -0.09454660798427034 0.09296041962550028
0 -0.8377316209126872 -3.068858420601275
1 -0.16751095211907116 0.2668199777806998
(以下、出力が続く)
```

　シミュレーション結果を可視化するプログラム gsa2.jl をリスト 6.9 に、実行結果の例を出力 6.9 に示します。

リスト 6.9　gsa2.jl プログラム（可視化機能追加）

```
001  # gsa2.jl プログラム
002  # シンプルなエージェントシミュレーション
003  # 2次元平面内で動作するエージェント
004  # 2種類のエージェントが相互作用します
005  # 結果をグラフ描画する
006  # 使い方 c:\>julia gsa2.jl
007
008  using Random # Random モジュールを利用
009  using Plots  # グラフ描画
010
011  # グローバル変数
012  N = 30         # エージェントの個数
013  TIMELIMIT = 100  # シミュレーション打ち切り時刻
014  SEED = 65535    # 乱数の種
015  R=0.1  # 近隣を規定する数値
016  DX=0.1 # カテゴリ1のエージェントの速度
017  DY=0.1 # カテゴリ1のエージェントの速度
018  W = 20          # 表示領域の大きさ
```

```
019
020    # Agent 型の定義
021    mutable struct Agent
022        category::Int  # カテゴリ
023        x::Float64      # x 座標
024        y::Float64      # y 座標
025    end
026
027    # 下請け関数の定義
028    # gput() 関数
029    function gput(as)
030        """状態のグラフ出力"""
031        x0 = []
032        y0 = []
033        x1 = []
034        y1 = []
035        for a in as
036            if a.category == 0
037                push!(x0 , a.x)
038                push!(y0 , a.y)
039            elseif a.category == 1
040                push!(x1 , a.x)
041                push!(y1 , a.y)
042            end
043        end
044        p = scatter(xlims=(-W,W),ylims=(-W,W))# 表示ウィンド
    ウ作成
045        p = scatter!(x0 , y0) # カテゴリ 0 をプロット
046        p = scatter!(x1 , y1,markershape=:+) # カテゴリ 1 をプ
    ロット
047        display(p) # 描画
048        sleep(0.2) # 待ち合わせ
049    end
050    # gput() 関数の終わり
051
052    # calcnext() 関数
053    function calcnext(a , as)
054        """次時刻の状態の計算"""
055        if a.category == 0
056            cat0(a , as) # カテゴリ 0 の計算
057        elseif a.category == 1
```

```
058            cat1(a , as)  # カテゴリ1の計算
059        else  # 合致するカテゴリがない
060            print(" ERROR カテゴリがありません \n")
061        end
062    end
063    # calcnext()関数の終わり
064
065    # cat0()関数
066    function cat0(a , as)
067        """カテゴリ0の計算"""
068        # カテゴリ1のエージェントとの距離を調べる
069        for ai in as
070            if ai.category == 1
071                c0x = a.x
072                c0y = a.y
073                ax = ai.x
074                ay = ai.y
075                if ((c0x-ax) * (c0x - ax) + (c0y - ay) *
    (c0y - ay)) < R
076                    # 隣接してカテゴリ1のエージェントがいる
077                    a.category = 1  # カテゴリ1に変身
078                else  # カテゴリ1は近隣にはいない
079                    a.x += rand() - 0.5
080                    a.y += rand() - 0.5
081                end
082            end
083        end
084    end
085    # cat0()関数の終わり
086
087    # cat1()関数
088    function cat1(a , as)
089        """カテゴリ1の計算"""
090        a.x += DX
091        a.y += DY
092    end
093    # cat1()関数の終わり
094
095    # putstate()関数
096    function putstate(a)
097        """状態の出力"""
```

```
098          println(a.category," ",a.x," ",a.y)
099     end
100     # putstate()関数の終わり
101
102     # calcn()関数
103     function calcn(as)
104          """次時刻の状態を計算"""
105          for a in as
106               calcnext(a ,as)
107               putstate(a)
108          end
109     end
110     # calcn()関数の終わり
111
112     # main()関数
113     function main()
114          # 初期化
115          Random.seed!(SEED)
116          as = [Agent(0,0,0) for i =1 : N] # カテゴリ 0 のエー
     ジェントを生成
117          # カテゴリ 1 のエージェントの設定
118          as[1].category = 1
119          as[1].x = -2
120          as[1].y = -2
121
122          # エージェントシミュレーション
123          for t = 1 : TIMELIMIT
124               println(" t=" , t)
125               calcn(as)   # 次時刻の状態を計算
126               gput(as)    # グラフ出力
127          end
128     end
129
130     # main()関数の実行
131     main()
132     sleep(10) # 待ち合わせ
133
134     # gsa2.jl の終わり
```

（a） t=1 における状態

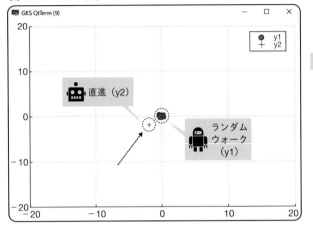

t＝1（開始直後）

カテゴリ1の
エージェント
1体が右上に
向かって直進
している

（b） t=100 における状態

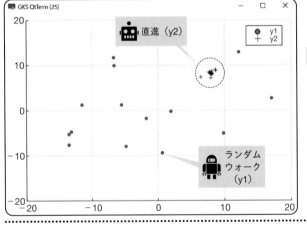

t＝100

カテゴリ1が増え
集団で右上に
進んでいる

カテゴリ2は
ランダムウォークで
散らばっている

　出力 6.9(a)は、シミュレーション開始直後の状態（t=1）です。カテゴリ 0
のエージェントが集団になっており、その左下にカテゴリ 1 のエージェント
が 1 つ配置されています。出力 6.9(b)は、一定の時間が経過した状態
（t=100）です。カテゴリ 1 のエージェントはカテゴリ 0 のエージェントと接
近することで仲間を増やし、集団で右上に向かって移動しています。カテゴリ
0 のエージェントはランダムウォークで移動するので、カテゴリ 1 のエージェ
ントが接近する前に移動したものがあちこちに散らばっています。

6.2　マルチエージェントによる相互作用のシミュレーション

① マルチエージェントによるシミュレーション

前節までに紹介した平面内を運動するマルチエージェントシミュレーションの枠組みを利用して、エージェントの相互作用のシミュレーションを行います。とくに、相互作用によってエージェント集団のなかを特定の形質が伝播する様子をシミュレートしましょう。これは、感染症がエージェント集団内で広がる様子のシミュレーションとみなすこともできます。

シミュレーションの設定は次のとおりです。エージェントには、カテゴリ 0 とカテゴリ 1 の 2 つのカテゴリがあります。どちらのカテゴリのエージェントもランダムウォークを行いますが、1 時刻あたりの移動量に差をつけることができます。

シミュレーション開始時には、カテゴリ 0 のエージェント A_{cat0} が大部分で、カテゴリ 1 のエージェント A_{cat1} は 1 つだけとします。A_{cat0} が A_{cat1} と接触すると、A_{cat0} は"感染"して A_{cat1} になります。逆の変化は起きません。このとき、A_{cat1} の移動量を変化させると"感染"の様相がどう変化するのか、シミュレーションによって調べることにしましょう。

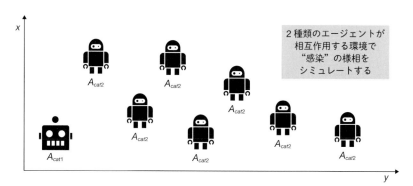

図 6.4　マルチエージェントの相互作用シミュレーション

② マルチエージェントシミュレーションプログラム

"感染"のシミュレーションプログラム infection.jl は、sa2.jl プログラムを拡張することで構成できます。sa2.jl プログラムにおける処理内容の拡張点は、次の 2 点です。

まず、カテゴリ 1 のエージェントの行動制御を単純な直進からランダムウォークに変更します。このとき、カテゴリごとに移動量を変化させるため、カテゴリ 1 のエージェントについては移動量に係数 factor を乗ずることにします。係数 factor の調整によって、カテゴリ 1 のエージェントの動作をカテゴリ 0 のエージェントより抑えたり活発にしたりすることができます。

カテゴリ 1 のエージェントの移動は次のように計算します。

```
a.x += (rand() - 0.5) * factor
a.y += (rand() - 0.5) * factor
```

拡張点の 2 番目として、係数 factor の設定があります。ここでは、factor はプログラムへの入力として infection.jl プログラムに与えることとします。このための処理を sa2.jl プログラムに加える必要があります。

以上の方針で作成した infection.jl プログラムをリスト 6.10 に、実行結果の例を出力 6.10 に示します。

リスト 6.10　infection.jl プログラム（"感染"のシミュレーション）

```
001   # infection.jl プログラム
002   # "感染"のエージェントシミュレーション
003   # 2 次元平面内で動作するエージェント群
004   # 2 種類のエージェントが相互作用します
005   # 使い方 c:\>julia infection.jl
006
007   using Random # Random モジュールを利用
008
009   # グローバル変数
010   N = 100          # エージェントの個数
011   TIMELIMIT = 100   # シミュレーション打ち切り時刻
012   SEED = 65535      # 乱数の種
013   R = 0.5  # 近隣を規定する数値
014
015   # Agent 型の定義
```

188

```
016    mutable struct Agent
017        category::Int  # カテゴリ
018        x::Float64     # x 座標
019        y::Float64     # y 座標
020    end
021
022    # 下請け関数の定義
023    # calcnext() 関数
024    function calcnext(a,as,factor)
025        """次時刻の状態の計算"""
026        if a.category == 0
027            cat0(a , as) # カテゴリ 0 の計算
028        elseif a.category == 1
029            cat1(a,factor) # カテゴリ 1 の計算
030        else # 合致するカテゴリがない
031            print(" ERROR カテゴリがありません \n")
032        end
033    end
034    # calcnext() 関数の終わり
035
036    # cat0() 関数
037    function cat0(a , as)
038        """カテゴリ 0 の計算"""
039        # カテゴリ 1 のエージェントとの距離を調べる
040        for ai in as
041            if ai.category == 1
042                c0x = a.x
043                c0y = a.y
044                ax = ai.x
045                ay = ai.y
046                if((c0x-ax) * (c0x-ax) + (c0y-ay) * (c0y-ay)) <R
047                    # 隣接してカテゴリ 1 のエージェントがいる
048                    a.category = 1  # カテゴリ 1 に変身
049                end
050            end
051        end
052        # 位置の更新
053        a.x += rand() - 0.5
054        a.y += rand() - 0.5
055    end
```

```
056    # cat0()関数の終わり
057
058    # cat1()関数
059    function cat1(a,factor)
060        """カテゴリ1の計算"""
061        a.x += (rand() - 0.5) * factor
062        a.y += (rand() - 0.5) * factor
063    end
064    # cat1()関数の終わり
065
066    # putstate()関数
067    function putstate(a)
068        """状態の出力"""
069        println(a.category," ",a.x," ",a.y)
070    end
071    # putstate()関数の終わり
072
073    # calcn()関数
074    function calcn(as,factor)
075        """次時刻の状態を計算"""
076        for a in as
077            calcnext(a,as,factor)
078            putstate(a)
079        end
080    end
081    # calcn()関数の終わり
082
083    # main()関数
084    function main()
085        # 初期化
086        Random.seed!(SEED)
087        # カテゴリ0のエージェントを生成
088        as = [Agent(0,(rand() - 0.5) * 20,(rand() - 0.5) *
       20) for i=1 : N]
089        # カテゴリ1のエージェントの設定
090        as[1].category = 1
091        as[1].x = -2
092        as[1].y = -2
093        # カテゴリ1のエージェントの歩幅factorの設定
094        print("カテゴリ1の歩幅factorを入力してください : ")
095        factor=parse(Float64,readline())
```

```
096
097     # エージェントシミュレーション
098     for t = 1 : TIMELIMIT
099         println(" t=" , t)
100         calcn(as,factor)  # 次時刻の状態を計算
101     end
102 end
103
104 # main()関数の実行
105 main()
106
107 # infection.jl の終わり
```

出力 6.10　infection.jl プログラムの実行結果

●●●

```
C:\6>julia infection.jl
カテゴリ 1 の歩幅 factor を入力してください ： 0.5
t= 1
1 -2.241949195070903 -1.9104772019036491
0 8.14281746581517 6.05468619178249
0 -6.548512111620473 -3.572933314999281
0 1.784847980104745 -7.128759263486322
0 8.710670281728994 2.8361333028848086
0 0.231248225694081 -9.369663767995604
0 5.723390034201503 -6.16970278908832
0 -0.9489906299354043 2.165118616266531
0 9.485955032563748 3.112117247624992
0 -8.20574133308059 -2.1249319629802197
（以下、出力が続く）
t=100
1 -2.273710160646402 -2.263349984268854
0 11.102631726261585 3.0806795909383577
0 -3.588221432406946 -6.023503581239028
0 0.3381721043833227 -9.092271800539974
0 9.826666991581293 -2.505544424059786
0 -2.093531882316183 -12.011183411880907
0 4.140094684279768 -6.578660680677893
0 1.5734769816267944 5.743308003994561
0 7.633311054640678 7.5688560861604035
0 -9.431846034935878 2.1776612532947452
0 -3.959351459667592 10.255865348933003
0 1.0590165555758055 1.4160419717127604
1 -1.6020986518265 -2.6653871802800033
0 4.763708665401132 11.320270958505896
0 -5.6421920291475915 7.337054853577022
0 -10.897479987374311 1.6253715383455534
0 -1.0194818884330545 -4.18177672145206G
0 4.192270315732759 5.574302838608276
0 0.758735666987068 -0.4655853697858523
0 -7.993913962859351 5.27610192728354
0 -8.42233299817089 6.845658150685128
0 1.9823390864467514 1.6125970971559385
0 3.2026574472223004 3.318260732753747
1 -4.066360443737889 -1.0514141163820585
```

●●●

シミュレーション結果を可視化するプログラム ginfection.jl を、リスト 6.11 に示します。

リスト 6.11　ginfection.jl プログラム（可視化機能追加）

```
001   # ginfection.jl プログラム
002   # "感染"のエージェントシミュレーション
003   # 2 次元平面内で動作するエージェント群
004   # 2 種類のエージェントが相互作用します
005   # 結果をグラフ描画します
006   # 使い方 c:\>julia ginfection.jl
007
008   using Random # Random モジュールを利用
009   using Plots  # グラフ描画
010
011   # グローバル変数
012   N = 100           # エージェントの個数
013   TIMELIMIT = 100   # シミュレーション打ち切り時刻
014   SEED = 65535      # 乱数の種
015   R = 0.5       # 近隣を規定する数値
016   W = 40        # 表示領域の大きさ
017
018   # Agent 型の定義
019   mutable struct Agent
020       category::Int  # カテゴリ
021       x::Float64     # x 座標
022       y::Float64     # y 座標
023   end
024
025   # 下請け関数の定義
026   # gput()関数
027   function gput(as)
028       """状態のグラフ出力"""
029       x0 = []
030       y0 = []
031       x1 = []
032       y1 = []
033       for a in as
034           if a.category == 0
035               push!(x0 , a.x)
036               push!(y0 , a.y)
```

```
037          elseif a.category == 1
038               push!(x1 , a.x)
039               push!(y1 , a.y)
040          end
041      end
042      p = scatter(xlims=(-W,W),ylims=(-W,W))# 表示ウィンド
     ウ作成
043      p = scatter!(x0 , y0) # カテゴリ 0 をプロット
044      p = scatter!(x1 , y1,markershape=:+) # カテゴリ 1 をプ
     ロット
045      display(p) # 描画
046      sleep(0.2) # 待ち合わせ
047  end
048  # gput()関数の終わり
049
050  # calcnext()関数
051  function calcnext(a,as,factor)
052      """次時刻の状態の計算"""
053      if a.category == 0
054          cat0(a , as) # カテゴリ 0 の計算
055      elseif a.category == 1
056          cat1(a,factor) # カテゴリ 1 の計算
057      else # 合致するカテゴリがない
058          print(" ERROR カテゴリがありません \n")
059      end
060  end
061  # calcnext()関数の終わり
062
063  # cat0()関数
064  function cat0(a , as)
065      """カテゴリ 0 の計算"""
066      # カテゴリ 1 のエージェントとの距離を調べる
067      for ai in as
068          if ai.category == 1
069              c0x = a.x
070              c0y = a.y
071              ax = ai.x
072              ay = ai.y
073              if((c0x-ax) * (c0x - ax) + (c0y - ay) *
     (c0y - ay)) <R
074                  # 隣接してカテゴリ 1 のエージェントがいる
```

```
075                     a.category = 1  # カテゴリ 1 に変身
076             end
077         end
078     end
079     # 位置の更新
080     a.x += rand() - 0.5
081     a.y += rand() - 0.5
082 end
083 # cat0() 関数の終わり
084
085 # cat1() 関数
086 function cat1(a,factor)
087     """カテゴリ 1 の計算"""
088     a.x += (rand() - 0.5) * factor
089     a.y += (rand() - 0.5) * factor
090 end
091 # cat1() 関数の終わり
092
093 # putstate() 関数
094 function putstate(a)
095     """状態の出力"""
096     println(a.category," ",a.x," ",a.y)
097 end
098 # putstate() 関数の終わり
099
100 # calcn() 関数
101 function calcn(as,factor)
102     """次時刻の状態を計算"""
103     for a in as
104         calcnext(a,as,factor)
105         putstate(a)
106     end
107 end
108 # calcn() 関数の終わり
109
110 # main() 関数
111 function main()
112     # 初期化
113     Random.seed!(SEED)
114     # カテゴリ 0 のエージェントを生成
115     as = [Agent(0,(rand() - 0.5) * 20,(rand() - 0.5) *
```

```
    20) for i=1 : N]
116     # カテゴリ 1 のエージェントの設定
117     as[1].category = 1
118     as[1].x = -2
119     as[1].y = -2
120     # カテゴリ 1 のエージェントの歩幅 factor の設定
121     print("カテゴリ 1 の歩幅 factor を入力してください :")
122     factor=parse(Float64,readline())
123
124     # エージェントシミュレーション
125     for t = 1 : TIMELIMIT
126         println(" t=" , t)
127         calcn(as,factor)  # 次時刻の状態を計算
128         gput(as)    # グラフ出力
129     end
130 end
131
132 # main()関数の実行
133 main()
134 sleep(10) # 待ち合わせ
135
136 # ginfection.jl の終わり
```

　ginfection.jl プログラムの実行結果の例を出力 6.11 に示します。出力 6.11(a)と(b)は factor=2 の場合の出力です。この場合、"感染"したエージェントであるカテゴリ 1 エージェントは活発に移動します。初期状態（t=1）である(a)ではカテゴリ 1 エージェントが 1 つしかありませんが、時刻 t=100 となる(b)では"感染"が集団内に広がっています。

　出力 6.11(c)は factor=0.1 の場合の出力で、カテゴリ 1 のエージェントの移動速度はカテゴリ 0 のエージェントの1/10です。この場合には、時刻 t=100 になっても"感染"は限定的です。

出力 **6.11**　`ginfection.jl` プログラムの実行結果

....

(a) `factor` が 2 の場合（t=5）

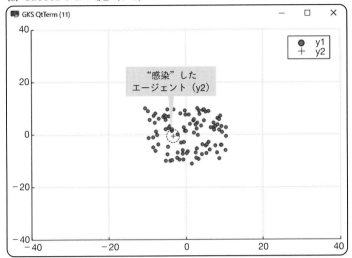

factor＝2 の場合	**t＝1**　カテゴリ 0 のエージェント集団に混ざって カテゴリ 1 のエージェントが 1 体配置されている

(b) `factor` が 2 の場合（t=100）

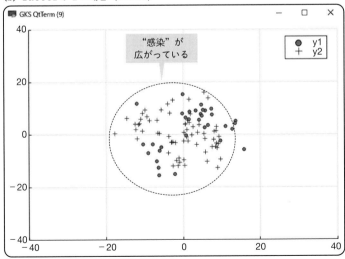

factor＝2 の場合	**t＝100**　カテゴリ 1 のエージェントが活発に動き回り "感染" が広がっている

（c）factor が 0.1 の場合（t=100）

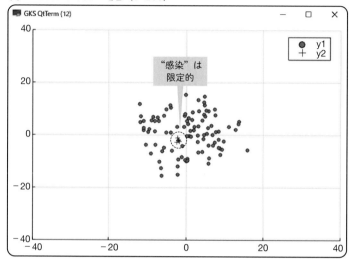

| factor = 0.5 の場合 | **t = 100** | カテゴリ 1 のエージェントの移動速度が
カテゴリ 0 の 1/10 であるため
時間が経っても "感染" は限定的 |

章末問題 6

（1）本章で示したマルチエージェントシミュレーションプログラムは、本書の総まとめのようなプログラムです。マルチエージェントシミュレーションに、第2章や第3章で示したような物理シミュレーションの要素を組み込むことは容易です。第4章のセルオートマトンや第5章の乱数シミュレーションの要素はすでに組み込み済みですが、これらをさらに積極的に導入することも可能です。

　マルチエージェントシミュレーションでは、設計者がなんの制約も受けずにシミュレーションの条件を設定することが可能です。ぜひマルチエージェントの考え方で、オリジナルのシミュレーションシステムを構築してみてください。

（2）infection.jl プログラムでは、エージェントはランダムウォークにより移動します。エージェントの移動方法を変更し、たとえば平面上の2箇所を行き来するエージェント集団でなにが起きるかをシミュレートしてみてください。

　エージェントの種類を増やしたり、移動のパターンを複雑化したりするなど、さらに複雑な設定のシミュレーションを行うことも容易なので、挑戦してみてください。

付　録

A　Julia のインストールとパッケージの追加

① Julia のインストール

　Julia は、以下の Web サイトからインストール可能です。お使いの環境に合わせて、適宜インストーラを選択してインストールしてください。

- https://julialang.org/

② Plots パッケージの追加

　本書では、Plots や DifferentialEquations などのパッケージを利用しています。これらのパッケージは Julia をインストールするだけでは利用できず、追加でインストールする必要があります。以下では Plots パッケージを例にして、パッケージを追加する方法を示します。

　Plots パッケージを追加するには、Julia のインタプリタを起動した状態で「」」を入力してパッケージモード（Pkg）に移行して、「add Plots」と入力します。インストールが終わってパッケージモードを終了するときには、行頭で Backspace（Ctrl＋H）を入力します。さらに、Julia インタプリタを終了するには、「exit()」または「Ctrl＋D」を入力します。

```
Julia>]
(@v1.7) pkg>add Plots
（Plots パッケージのインストールが進む）
(@v1.7) pkg>
Julia>
```

パッケージモード開始：Julia のインタプリタを起動した状態で「」」を入力

Plots パッケージを追加：Pkg 移行後「add Plots」と入力

パッケージモード終了：行頭で Backspace（Ctrl＋H）を入力

図A　パッケージモードでの Plots パッケージのインストール

B 4次のルンゲクッタ法の公式

第2章で触れたルンゲクッタ法の公式のうち、最もよく用いられる4次の
ルンゲクッタ法の公式を示します。

次の一階常微分方程式

$$\frac{dy}{dx} = f(x, y) \quad ただし \quad y(x_0) = y_0$$

について、刻み幅 h で $x_n = x_0 + nh$ を決め、これに対応する y の値 y_n が求まると、y_{n+1} の値は次のように求まります。

$$y_{n+1} = y_n + \frac{k_1}{6} + \frac{k_2}{3} + \frac{k_3}{3} + \frac{k_4}{6}$$

ただし、

$$k_1 = hf(x_n, y_n)$$
$$k_2 = hf\left(x_n + \frac{h}{2}, y_n + \frac{k_1}{2}\right)$$
$$k_3 = hf\left(x_n + \frac{h}{2}, y_n + \frac{k_2}{2}\right)$$
$$k_4 = hf(x_n + h, y_n + k_3)$$

C ラプラスの方程式が周囲4点の差分で近似できることの説明

第3章で、ラプラスの方程式が周囲4点の差分で近似できることを直感的に述べました。これは、偏微分を差分として考えることで同様の結論を得ることができます。

本文で述べたように、以下では簡単のため x 方向と y 方向に同じ幅 h で格子点を設定します。

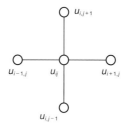

図 B 格子点の設定

すると x についての偏微分 $\dfrac{\partial u(x,y)}{\partial x}$ は、h が十分小さければ、u_{ij} の左右両側における格子点間の差分として、それぞれ次のように表せます。

$$\frac{\partial u(x,y)}{\partial x} = \frac{u_{i+1,j} - u_{ij}}{h}, \quad \frac{\partial u(x,y)}{\partial x} = \frac{u_{ij} - u_{i-1,j}}{h}$$

したがって二階微分は、両者の差を求めて h で割ることで、次のようになります。

$$\frac{\partial^2 u(x,y)}{\partial x^2} = \frac{\dfrac{u_{i+1,j} - u_{ij}}{h} - \dfrac{u_{ij} - u_{i-1,j}}{h}}{h} = \frac{u_{i+1,j} - 2u_{ij} + u_{i-1,j}}{h^2}$$

同様に $\dfrac{\partial^2 u(x,y)}{\partial y^2}$ を求めると、

$$\frac{\partial^2 u(x,y)}{\partial y^2} = \frac{u_{i,j+1} - 2u_{ij} + u_{i,j-1}}{h^2}$$

となります。したがって、ラプラスの方程式 $\Delta u(x,y) = 0$ は、

$$\Delta u(x,y) = \frac{\partial^2 u(x,y)}{\partial x^2} + \frac{\partial^2 u(x,y)}{\partial y^2}$$

$$= \frac{u_{i+1,j} - 2u_{ij} + u_{i-1,j}}{h^2} + \frac{u_{i,j+1} - 2u_{ij} + u_{i,j-1}}{h^2} = 0$$

よって、

$$\frac{u_{i+1,j}+u_{i-1,j}+u_{i,j+1}+u_{i,j-1}-4u_{ij}}{h^2}=0$$

h^2 を両辺に掛けて整理すると、

$$u_{ij}=\frac{u_{i,j-1}+u_{i-1,j}+u_{i+1,j}+u_{i,j+1}}{4}$$

となり、第 3 章の本文 (6) 式と一致します。

D　ナップサック問題の解法プログラム rkp30.jl

　第 5 章で述べた rkp30.jl プログラムのソースコードを示します。本文で紹介した rkp.jl プログラムと異なるのは、重さと価値の初期設定部分（8 行〜15 行）です。

リスト D　rkp30.jl プログラム（ナップサック問題を解く）

```
001  # rkp30.jl プログラム
002  # ナップサック問題をランダム探索で解くプログラム
003  # 使い方  c:\>julia rkp30.jl
004
005  using Random # Random モジュールを利用
006
007  # グローバル変数
008  weights = [87, 66, 70, 25, 33, 24, 89, 63, 23,
009            54, 88, 7, 48, 76, 60, 58, 53, 72,
010            53, 16, 19, 47, 50, 95, 17, 25, 87,
011            66, 70, 25]  # 重さ
012  values = [96, 55, 21, 58, 41, 81, 8, 99,
013            59, 62, 100, 93, 61, 52, 78,
014            21, 31, 23, 2, 10, 34, 97, 41,
015            40, 43, 91, 96, 55, 21, 58]  # 価値
016
017  N = length(weights)   # 荷物の個数
018  SEED = 32767          # 乱数の種
019  R = 10                # 実験の繰り返し回数
020
021  # 下請け関数の定義
```

```
022   # solvekp()関数
023   function solvekp(p, weightlimit, nlimit, N)
024       """問題を解く"""
025       maxvalue = 0  # 合計価値の最大値
026       mweight = 0    # maxvalue 時の重さ
027       bestp = zeros(Int , N)
028       for i = 1: nlimit
029           rsetp(p, N)  # 乱数による荷物の詰め合わせ
030           weight = calcw(p, N)
031           if weight <= weightlimit    # 制限重量以内
032               value = calcval(p, N)  # 評価値の計算
033           else
034               value = 0  # 重量オーバー
035           end
036           if value > maxvalue  # 最良解を更新
037               maxvalue = value
038               mweight = weight
039               for j = 1: N
040                   bestp[j] = p[j]
041               end
042           end
043       end
044       println(maxvalue, "", mweight)
045       println(bestp)
046   end
047   # solvekp()関数の終わり
048
049   # calcw()関数
050   function calcw(p, N)
051       """重量の計算"""
052       w = 0
053       for i = 1: N
054           w += weights[i] * p[i]
055       end
056       return w
057   end
058   # calcw()関数の終わり
059
060   # calcval()関数
061   function calcval(p, N)
062       """評価値の計算"""
```

```
063    v = 0
064    for i= 1: N
065        v += values[i] * p[i]
066    end
067    return v
068 end
069 # calcval()関数の終わり
070
071 # rsetp()関数
072 function rsetp(p, N)
073    """乱数による荷物の詰め合わせ"""
074    for i = 1: N
075        p[i] = floor(Int , (rand() * 2))
076    end
077 end
078 # rsetp()関数の終わり
079
080 # main()関数
081 function main()
082    p = zeros(Int , N)  # 問題の答え
083    # 制限重量の入力
084    print("制限重量を入力してください:")
085    weightlimit = parse(Int,readline())
086    #試行回数の入力
087    print("試行回数を入力してください:")
088    nlimit = parse(Int,readline())
089    #乱数の初期化
090    Random.seed!(SEED)
091
092    # 問題を解く
093    # 実験の繰り返し
094    for i = 1: R
095        solvekp(p, weightlimit, nlimit, N)
096    end
097 end
098
099 # main()関数の実行
100 main()
101
102 # rkp30.jl の終わり
```

E　シンプソンの公式

第 5 章に示した台形公式は、関数 $f(x)$ を直線で近似して数値積分を行います。これに対して、$f(x)$ を二次曲線で近似する数値積分の公式としてシンプソンの公式が知られています。

シンプソンの公式は次のとおりです。シンプソンの公式では、二次曲線で関数を近似する都合上、積分区間を偶数等分します。

$$
\int_{x_0}^{x_n} f(x)dx
$$
$$
= \left(\frac{f(x_0)}{3} + \frac{4}{3}f(x_1) + \frac{2}{3}f(x_2) + \frac{4}{3}f(x_3) + \frac{2}{3}f(x_4) + \cdots + \frac{2}{3}f(x_{n-2}) \right.
$$
$$
\left. + \frac{4}{3}f(x_{n-1}) + \frac{f(x_n)}{3} \right) \times h
$$

ただし n は偶数。

参考文献

　本書と関係する参考文献を以下に示します。[1] は Julia の入門書であり、本書で紹介したプログラムの理解において参考になる書籍です。[2] は力学教科書の古典的名著で、精密で正確な教科書であるうえに、ストーリーをもった読みものとしても優れた著作です。また、運動シミュレーションの参考文献としても有用です。[3] は数値計算の教科書であり、間口の広い網羅的かつ実用的な記述がなされています。[4] には、コンピュータで数値を扱うことについての深い議論や、本書の第 5 章で扱った乱数についての詳細な記述があります。[5] は本書の第 4 章で例題としたライフゲームに関する文献です。[6] および [7] は、先に刊行した本書の C 言語版および Python 版の書籍です。

［1］進藤裕之、佐藤建太『1 から始める Julia プログラミング』コロナ社、2020 年。

［2］ファインマン・レイトン・サンズ『ファインマン物理学（1）力学』岩波書店、1967 年。

［3］William H. Press 他『ニューメリカルレシピ・イン・シー日本語版—C 言語による数値計算のレシピ』技術評論社、1993 年。

［4］Donald E. Knuth（著）、有沢誠、和田英一（監訳）『The Art of Computer Programming（2）日本語版』アスキー、2004 年。

［5］William Poundstone（著）、有澤誠（訳）『ライフゲイムの宇宙（新装版）』日本評論社、2003 年。

［6］小高知宏『C による数値計算とシミュレーション』オーム社、2009 年。

［7］小高知宏『Python による数値計算とシミュレーション』オーム社、2018 年。

章末問題略解

第 1 章

(1) 数値計算やシミュレーションを行うためには、対象とする系の性質を理解したうえで、適切な計算手法を選択してプログラムを構築する必要があります。そのためには、対象システムの性質を理解するとともに、数値計算やシミュレーションの原理とアルゴリズムをよく理解しなければなりません。これらの理解が不十分なままにモジュールを利用してプログラムを構成しても、妥当な結果を得ることは困難です。

(2) $b > 0$ の場合、以下のように分子を有理化して計算します。

$$x_1 = \frac{-b - \sqrt{b^2 - 4ac}}{2a}$$

$$x_2 = \frac{-b + \sqrt{b^2 - 4ac}}{2a} \times \frac{b + \sqrt{b^2 - 4ac}}{b + \sqrt{b^2 - 4ac}} = -\frac{2c}{b + \sqrt{b^2 - 4ac}}$$

第 2 章

(1) 付録 B にもとづき、k1 から k4 の順番に値を計算する点に注意してプログラムを作成します。

(2) プログラムは、本文で扱った `freefall.jl` プログラムや `lander.jl` プログラムとほぼ同様の構造となります。

(3) シミュレーション結果自体は、本文で示した `efield.jl` プログラムとほぼ同様となります。

(4) 運動する質点が電荷に近づき過ぎないかぎりは、シミュレーションに問題は生じません。しかし、両者の電荷の符号が同一である場合に両者が非常に近づくと、シミュレーションが破綻してしまいます。なぜなら質点と電荷のあいだに極端に大きな斥力が生じてしまい、「シミュレーションの 1 ステップでとても大きな距離を移動する」という現実にはありえ

ない状況が発生するからです。これは、シミュレーションでは時間が離散化されていることによる現象です。

第3章

(1) 第2章の章末問題「ハイパー☆カーリング」ゲームの背景とする場合、ゲーム内で配置する固定された電荷を用いて、電界の様子を計算します。

(2) 拡散方程式を用いると、物質が時間とともに拡散する様子を計算することができます。たとえば、水の中にインクを一滴垂らしたときの時間変化（拡散の様子）をシミュレートすることができます。

第4章

(1) 時間遷移を記述するルール表である rule[] を拡大するなど、プログラムに拡張が必要となります。

(2) 1次元セルオートマトンのシミュレーションプログラム ca1.jl に対して周期境界条件を適用するには、状態遷移を計算する nextt() 関数を変更する必要があります。また、2次元セルオートマトンのシミュレーションであるライフゲームプログラム life.jl に対して周期境界条件を適用すると、たとえばグライダーのパターンが移動を繰り返して下端に達すると、パターンを保ったままでグライダーが上端から現れるようになります。

(3) ライフゲームにおける生物の配置パターンのうち、シミュレーション上で興味深い配置の例を図 A-1 に示します。(c) の「どんぐり」は、5200世代以上にわたって繁栄を続けます。参考文献 [5] には永久に拡張し続けるパターンなども紹介されていますので、参考にしてください。

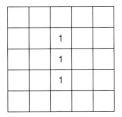

(a) ブリンカー

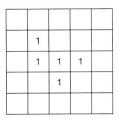

(b) Rペントミノ

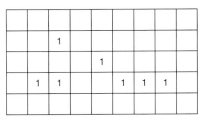

(c) どんぐり

図 A-1 シミュレーション上興味深い生物の
配置パターンの例

(4) こうした拡張を施すことで、実際の交通流により近いシミュレーション
を行うことができます。

第5章

(1) カイ二乗検定による乱数の検定においては、乱数を発生させる区間を細
分化して、細分化した各区間において乱数が均等に発生しているかどう
かによって、乱数の一様性を調べます。また、乱数の相関性を調べるに
は、相関係数を利用することができます。

(2) シンプソンの公式は、被積分関数を二次関数で近似することで数値積分を行うための公式です。

(3) ナップサック問題を力ずくで解くためには、繰り返しを利用したり、関数の再帰呼び出しを利用したりすることで、荷物の組み合わせを網羅的に生成します。後者の場合には、以下のような考え方で solvekp() 関数を実装します。ここで、引数の p は答えを格納するための配列であり、i は現在着目している荷物の番号です。

```
function solvekp(p,i, 重量の合計値, 価値の合計値)

   i が荷物の個数と一致して、価値の合計値がそれまでの最大値を更新したら、
値を出力する

   そうでなければ、以下を実行する

       p[i]=0 とし、solvekp(p,i+1, 重量の合計値, 価値の合計値) 関数
を呼び出す

       p[i]=1 とし、重量と価値の合計値を更新してから、
solvekp(p,i+1, 重量の合計値, 価値の合計値) 関数を呼び出す

solvekp() 関数の終わり
```

solvekp() 関数を使ってナップサック問題の解を求めるためには、main() 関数から solvekp() 関数を呼び出します。

solvekp() 関数の処理において、p[i]=1 以下の枝を検索する際に、あらかじめ重量の合計値が制限を超えているかどうかを調べて、超えていたら呼び出しをやめることで探索を高速化することができます。これが、分枝限定法による枝刈りです。枝刈りを導入した場合の solvekp() 関数を以下に示します。

```
function solvekp(p,i、重量の合計値, 価値の合計値)

  i が荷物の個数と一致して、価値の合計値がそれまでの最大値を更新したら、
値を出力

  そうでなければ、以下を実行する

       p[i]=0 とし、solvekp(p,i+1, 重量の合計値, 価値の合計値) 関数
を呼び出す

       もし i 番目の荷物の重量を加えても重量の合計値が制限を超えていな
ければ、p[i]=1 とし、重量と価値の合計値を更新してから、
solvekp(p,i+1, 重量の合計値, 価値の合計値) 関数を呼び出す

solvekp() 関数の終わり
```

第 6 章

(1) エージェントの内部状態（属性）を追加するほか、「エージェントの動作
   を追加する」などを試みてください。

(2) たとえば、「電車で移動するエージェントをシミュレートし、電車の本数
   を間引くことで感染の拡大に影響が出るか」などを調べてみてください。

索引

〈著者略歴〉

小 高 知 宏（おだか　ともひろ）

1983 年　早稲田大学理工学部 卒業
1990 年　早稲田大学大学院理工学研究科後期課程 修了、工学博士
　　　　　九州大学医学部附属病院 助手
1993 年　福井大学工学部情報工学科 助教授
1999 年　福井大学工学部知能システム工学科 助教授
2004 年　福井大学大学院 教授
　　　　　現在に至る

〈主な著書〉
『TCP/IP で学ぶコンピュータネットワークの基礎（第 2 版）』『TCP/IP で学ぶネットワークシステム』（以上、森北出版）
『Python 言語で学ぶ 基礎からのプログラミング』『Python 版 コンピュータ科学とプログラミング入門』『C 言語で学ぶコンピュータ科学とプログラミング』『コンピュータ科学とプログラミング入門』（以上、近代科学社）
『文理融合 データサイエンス入門（共著）』『人工知能入門』（以上、共立出版）
『Python で学ぶ はじめての AI プログラミング』『基礎から学ぶ 人工知能の教科書』『Python による TCP/IP ソケットプログラミング』『機械学習と深層学習 Python によるシミュレーション』『Python による数値計算とシミュレーション』『機械学習と深層学習─C 言語によるシミュレーション─』『強化学習と深層学習 C 言語によるシミュレーション』『自然言語処理と深層学習 C 言語によるシミュレーション』『C による数値計算とシミュレーション』『C によるソフトウェア開発の基礎』（以上、オーム社）

Julia による数値計算とシミュレーション

2023 年 6 月 15 日　　第 1 版第 1 刷発行

著　　者　小 高 知 宏
発 行 者　村 上 和 夫
発 行 所　株式会社 オーム社
　　　　　郵便番号　101-8460
　　　　　東京都千代田区神田錦町 3-1
　　　　　電話　03(3233)0641（代表）
　　　　　URL　https://www.ohmsha.co.jp/

© 小高知宏 2023

印刷・製本　三美印刷
ISBN978-4-274-23049-3　Printed in Japan

本書の感想募集 https://www.ohmsha.co.jp/kansou/
本書をお読みになった感想を上記サイトまでお寄せください。
お寄せいただいた方には、抽選でプレゼントを差し上げます。